5G先进技术丛书·测试认证系列

5G终端天线测试技术与实践

安旭东 刘 政 王 娜 等编著

清华大学出版社
北 京

内 容 简 介

本书是"5G 先进技术丛书·测试认证系列"之一，旨在全面介绍 5G 终端天线测试、认证方面的标准、测试环境、方法等内容。

全书共 7 章，分别为绪论、天线发展及终端天线原理与结构、5G 终端天线测试系统、终端天线测试标准化工作、5G 终端 OTA 测试、终端天线认证要求和展望。

本书包含了与 5G 终端天线性能测试、认证相关的各方面知识，可以作为通信测量工作、终端测试工作的入门图书，也可为无线通信领域的广大科技工作者、管理人员提供有益的经验。

图书在版编目（CIP）数据

5G 终端天线测试技术与实践 / 安旭东等编著. —北京：清华大学出版社，2023.7
（5G 先进技术丛书. 测试认证系列）
ISBN 978-7-302-63944-2

Ⅰ.①5… Ⅱ.①安… Ⅲ.①第五代移动通信系统—终端设备—测试技术 Ⅳ.①TN929.53

中国国家版本馆 CIP 数据核字（2023）第 117068 号

责任编辑：贾旭龙
封面设计：秦　丽
版式设计：文森时代
责任校对：马军令
责任印制：宋　林

出版发行：清华大学出版社
　　　　　网　　　址：http://www.tup.com.cn, http://www.wqbook.com
　　　　　地　　　址：北京清华大学学研大厦 A 座　　　　邮　　编：100084
　　　　　社 总 机：010-83470000　　　　　　　　　　邮　　购：010-62786544
　　　　　投稿与读者服务：010-62776969, c-service@tup.tsinghua.edu.cn
　　　　　质量反馈：010-62772015, zhiliang@tup.tsinghua.edu.cn
印 装 者：三河市东方印刷有限公司
经　　销：全国新华书店
开　　本：170mm×240mm　　　　　印　　张：14　　　　字　　数：267 千字
版　　次：2023 年 7 月第 1 版　　　　印　　次：2023 年 7 月第 1 次印刷
定　　价：59.00 元

产品编号：096163-01

5G 先进技术丛书·测试认证系列

编写委员会

本书编写工作组

安旭东　刘　政　王　娜

张钦娟　祝思婷　易　轩

孙思扬　高瞻远　杨　蒙

张维伟　王　鹏　黄　蕊

戴　巡　井欢欢　陈晓晨

丛书序 1

门捷列夫说:"科学是从测量开始的。"

2021 年国家市场监督管理总局、科技部、工业和信息化部、国务院国资委和国家知识产权局联合印发的《关于加强国家现代先进测量体系建设的指导意见》指出,测量是人类认识世界和改造世界的重要手段,是突破科学前沿、解决经济社会发展重大问题的技术基础。国家测量体系是国家战略科技力量的重要支撑,是国家核心竞争力的重要标志。

"十四五"时期是我国开启全面建设社会主义现代化国家新征程、向第二个百年奋斗目标进军的第一个五年。我国已转向高质量发展阶段,构建国家现代先进测量体系,是实现高质量发展、构建高水平社会主义市场经济体制的必然选择,也是构建新发展格局的基础支撑和内在要求。

5G 技术作为数字经济发展的关键支撑,正在加速影响和推动全球数字化转型进程。我国在全世界范围内率先推动 5G 的发展,并将其作为"新型基础设施建设"的一部分。近年来发展成效显著,呈现广阔应用前景。从产业发展看,我国 5G 标准必要专利声明量保持全球领先,完整的 5G 产业链进一步夯实了产业基础;从应用推广看,5G 典型场景融入国民经济 97 大类中的 40 个,5G 应用案例超过 2 万个,为促进数字技术和实体经济深度融合,构建新发展格局,推动高质量发展提供了有力支撑。

为实现增强型移动宽带、超可靠低时延通信以及海量机器类通信的目标,5G 采用了新的空口,更复杂、更密集的集成架构,大规模 MIMO 天线以及毫米波频段等技术。为实现万物互联的目标,5G 终端呈现多元化特点。新技术和新业务形态对测量工作提出了新的挑战。

该丛书作者团队来自中国信息通信研究院泰尔终端实验室。在国内,他们承担了电信终端进网政策的支撑和技术合格的检测工作;在国际上,他们和来自电信运营商、设备制造商和科研院所的同仁一起在国际标准组织中发出中国声音。通过多年的实践,他们掌握了先进的测量理念、测量技术和测量方法,为 5G 终端先进测量体系的构建贡献了卓越的思考。该丛书包含了与 5G 终端相关的认证、检验、检测的法规、标准、测量技术和实验室实践，可以作为有志从事通信测量工作的读者的入门图书，也可为无线通信领域的广大科技工作者、管理人员提供有益的经验。

　　谨此向各位感兴趣的读者推荐该丛书，并向奋战在测量第一线的科研工作者表达崇高的敬意！

中国工程院院士

2023 年 5 月 10 日

丛书序 2

2019 年 6 月 6 日，工业和信息化部正式向中国电信、中国移动、中国联通和中国广电发放 5G 商用牌照，标志着中国 5G 商用元年的开始。截至 2022 年 10 月，我国 5G 基站累计开通 185.4 万个，实现"县县通 5G、村村通宽带"。5G 应用加速向工业、医疗、教育、交通等领域推广落地，5G 应用案例超过 2 万个。

5G 终端类型呈现多元化的特点，手机、计算机、AR/VR/MR 产品、无人机、机器人、医疗设备、自动驾驶设备以及各种远程多媒体设备，不一而足。业务应用也更加丰富多彩，涵盖了人—人、人—物到物—物的多种场景，正式开启了万物互联的时代。5G 终端涉及的关键技术包括新空口、多模多频、毫米波、MIMO 天线等，对一致性测试、通信性能测试以及软件和信息安全测试都提出了新的挑战。

泰尔终端实验室隶属中国信息通信研究院，是集信息通信技术发展研究、信息通信产品标准和测试方法制定研究、通信计量标准和计量方法制定研究，以及国内外通信信息产品的测试、验证、技术评估，测试仪表的计量，通信软件的评估、验证等于一体的高科技组织，已成为我国面向国内外的综合性、规模化电子信息通信设备检验和试验的基地。实验室在 5G 终端的测试标准、测试方法研究以及测试环境构建方面拥有国内顶尖的团队和经验。以实验室核心业务为主体打造的"5G 先进技术丛书·测试认证系列"的多位作者均在各自的技术领域拥有超过二十年的工作经验，他们分别从全球认证、射频及协议、电磁兼容、电磁辐射、天线性能等技术方向全面系统地介绍了 5G 终端测试技术。

2019 年，我国成立了 IMT-2030（6G）推进组，开启了全面布局 6G 愿景需求、关键技术、频谱规划、标准以及国际合作研究的新征程。从移动互联，到万物互联，再到万物智联，6G 将实现从服务于人、人与物，到支撑智能体高效链接的跃迁，通过人—机—物智能互联、协同互生，满足经济社会高质量发展需求，服务智慧化生产与生活，推动构建普惠智能的人类社会。从 2G 跟随，3G 突破，4G 同步到 5G 引领，我国移动通信事业的跨越式发展离不开一代代通信人的努力奋斗。实验室将一如既往地冲锋在无线通信技术研发的第一线，踔厉奋发、笃行不怠，与大家携手共创 6G 辉煌时代！相信未来会有更丰硕的成果奉献给广大读者，并与广大读者共同见证和分享我国通信事业发展的新成就！

中国信息通信研究院　总工程师

2023 年 5 月 6 日

本书序

　　随着 4G 移动通信技术的发展，以智能手机为代表的移动互联网应用给我们的生活带来了巨大的变化。目前，第五代移动通信（5G）正在引领移动互联的巨大变革，5G 技术将以其极强的渗透性、带动性，与各行各业深度融合，为社会经济发展的关键基础设施提供有力支撑。

　　作为 5G 技术的主要承载对象，5G 移动终端成为大家关注的焦点。相应地，5G 终端通信性能的优劣也成了消费者、运营商、终端制造厂商十分重视的问题。作为 5G 终端不可或缺的元件——天线，其性能的好坏在很大程度上决定了移动终端的通信能力。现阶段，天线空中接口（over the air，OTA）测试是评估无线通信终端整机通信性能的标准方法，无线通信终端整机的 OTA 测试评估，对于运营商基站链路预算、终端制造厂商产品质量保障以及最终用户的使用体验都有着至关重要的作用。

　　本书以 5G 移动终端天线性能的测试技术与实践为主线，从 5G 移动终端中不可或缺的元件——天线出发，涵盖了天线的技术发展，终端天线的结构、类别、设计原理，5G 终端天线测试系统、测试环境，5G 终端天线测试标准化工作和 5G 终端 OTA 测试方法，以及目前最新的国内外政府、行业、运营商的认证要求等内容，是 5G 移动终端天线测试方向难能可贵的专业图书，有助于从事 5G 天线测试标准化工作、5G 终端天线性能测试等方面的技术人员准确、深入地理解 5G 终端天线性能测试的相关工作。

　　本书作者大都来自移动终端天线性能测试标准化工作及终端天线性能测试工作的一线，亲历了从 4G 时代到 5G 时代移动终端天线性能测试标准化工作从激烈争论到达成统一的过程，对测试标准有更加深刻的理解。同时，他们还承担着移动终端天线性能测试、评估的工作，对于测试系统及测试方法有着独到的见解。相信这本书能在终端天线性能测试标准化及终端天线性能测试领域带给读者很多收获及启发！

前言

5G 通信技术的发展，给人们的生活、工作带来了极大的改变。国际电信联盟（International Telecomunication Union，ITU）定义了 5G 通信三大应用场景——增强移动带宽（enhanced mobile broadband，eMBB）、海量机器类通信（massive machine type of communication，mMTC）和高可靠低时延通信（ultra-reliable and low-latency communication，URLLC）。从 5G 的三大应用场景中不难看出，5G 将在高速率联网、海量连接及低时延通信上颠覆传统通信技术。

5G 终端包括手机、平板电脑、笔记本电脑、AR/VR/MR 产品、无人机、机器人、医疗设备、自动驾驶设备及各种远程多媒体设备等，涉及的关键技术包括新空口、多模多频、毫米波、MIMO 天线等。虽然这些设备在体积、功能上不尽相同，但人们所关注的设备通信性能的优劣，很大程度取决于终端搭载的天线的性能。

中国信息通信研究院泰尔终端实验室拥有国内首个 MIMO OTA 测试系统，是 3GPP 全球唯一的参考实验室，拥有亚洲最大的 5G 毫米波远场测试系统。实验室在 3GPP、CTIA 等全球 5G 标准组织主导制定了 5G SISO MIMO OTA 领域的标准，同时也是国内行业标准组的主席单位，主导国内 5G 终端天线性能测试技术规范、测试方法、指标限值标准，拥有一支 5G 终端认证、检测、标准制定的专业团队，他们在终端天线测试规范标准化、终端天线测试、国内外认证方面具有丰富的经验。

结合作者在实验室开展的国内外标准化工作、技术实验、进网检测、国际认证测试等方面的经验和经历，本书全面介绍和论述了 5G 终端天线测试系统、标准化工作、测试方法、国内外认证要求等内容。

本书首先介绍了无线通信的基本原理，通过对无线通信基本原理的介绍引出无线通信终端最重要的元件——天线的发展历程，以及终端天线原理与结构。进而引出为终端进行天线测试所需的 5G 终端测试系统。为了给 5G 终端测试制定测试技术规范、测试方法和指标限值，书中详细介绍了国内外标准化组织以及对应于标准化组织的终端天线测试标准体系。根据标准化内容引出 5G 终端

OTA 测试方法，包括 Sub-6GHz 频段和毫米波频段 SISO OTA 和 MIMO OTA 测试。基于上述内容，引入不同国家及运营商对终端天线认证的要求。最后，根据 5G 技术的发展以及终端的技术迭代，展望终端测试的未来。

读者可扫描下方二维码，浏览书中部分插图的彩图。

也可扫码登录清大文森学堂，获得更多学习资源。

清大文森学堂

本书作者包括安旭东、刘政、王娜、陈晓晨、高瞻远、祝思婷、易轩、孙思扬、杨蒙、张维伟等。参与撰写的人员和分工如下：安旭东、王娜、高瞻远撰写了第 1、2 章；刘政、祝思婷、易轩、孙思扬撰写了第 3、4 章；安旭东、王娜、刘政、陈晓晨、祝思婷、易轩、张维伟撰写了第 5 章；王娜、高瞻远、杨蒙撰写了第 6、7 章。全书由安旭东负责统稿。

由于作者水平有限，书中难免有疏漏之处，恳请广大读者批评指正。

丛书涉及部分标准化组织和认证机构名称外文缩略语表

3GPP   3rd Generation Partnership Project，第三代合作伙伴计划

A2LA   American Association for Laboratory Accreditation，美国实验室认可协会

ANATEL   Agência Nacional de Telecomunicações，（巴西）国家电信司

ANSI   American National Standard Institute，美国国家标准学会

ARIB   Association of Radio Industries and Businesses，（日本）无线工业及商贸联合会

ATIS   Alliance for Telecommunications Industry Solutions，（美国）电信行业解决方案联盟

CCSA   China Communications Standards Association，中国通信标准化协会

CENELEC   European Committee for Electrotechnical Standardization，欧洲电工标准化委员会

CISPR   Comité International Special des Perturbations Radiophoniques (International Special Committee on Radio Interference)，国际无线电干扰特别委员会

CNAS   China National Accreditation Service for Conformity Assessment，中国合格评定国家认可委员会

DAkkS   Deutsche Akkreditierungsstelle GmbH，德国认证认可委员会

DOT   Department of Telecommunication，（印度）电信部

ETSI   European Telecommunications Standards Institute，欧洲电信标准组织

FCC   Federal Communications Commission，（美国）联邦通信委员会

GCF   Global Certification Forum，全球认证论坛

GSMA   Global System for Mobile Communications Association，全球移动通信系统协会

ICES   International Committee on Electromagnetic Safety，（IEEE 下属）国际电磁安全委员会

ICNIRP   International Commission on Non-Ionizing Radiation Protection，国际非电离辐射防护委员会

ICRP International Commission on Radiological Protection，国际放射防护委员会

IEC International Electrotechnical Commission，国际电工委员会

IEEE Institute of Electrical and Electronics Engineers，电气与电子工程师 协会

INIRC International Non Ionizing Radiation Committee，国际非电离辐射委员会

IRPA International Radiation Protection Association，国际辐射防护协会

ISED Innovation,Science and Economic Development Canada，加拿大创新、科学与经济发展部

ISO International Organization for Standardization，国际标准化组织

ITU International Telecommunication Union，国际电信联盟

MSIT Ministry of Science and ICT，（韩国）科学信息通信部

NVLAP National Voluntary Laboratory Accreditation Program，（美国）国家实验室自愿认可程序

OMA Open Mobile Alliance，开放移动联盟

PTCRB PCS Type Certification Review Boar，个人通信服务型号认证评估委员会

RRA National Radio Research Agency，（韩国）国家无线电研究所

SAC Standardization Administration of the People's Republic of China，中国国家标准化管理委员会

SSM Swedish Radiation Safety Authority，瑞典辐射安全局

TSDSI Telecommunications Standards Development Society，（印度）电信标准发展协会

TTA Telecommunication Technology Association，（韩国）电信技术协会

TTC Telecommunication Technology Commission，（日本）电信技术委员会

UKAS United Kingdom Accreditation Service，英国皇家认可委员会

目录

第 1 章

绪论

1.1 背 景

自从 19 世纪人类进入工业时代，社会发生了翻天覆地的变化。100 多年来，人类社会经历了三次工业革命。首次工业革命以蒸汽机的大规模使用为代表，称为蒸汽时代；第二次工业革命以电力的广泛应用为特征，称为电气时代；第三次工业革命以计算机应用为主，称为计算机时代。今天，人类社会正进行着以信息技术为代表的第四次工业革命。如今，信息通信领域是目前创新速度最快、通用性最广、渗透性最强的高科技领域之一，其中的通信技术是当代生产力中最为活跃的因素，对生产力的发展和人类社会的进步起着直接推动作用。移动通信技术（见图 1-1）由于其便利性和庞大的应用市场成为信息通信领域极具代表性的典型。中国从 2G 时代的追赶、3G 时代零的突破、4G 时代的并跑以及 5G 时代关键技术研发、标准化制定和产业规模应用等方面实现突破性领先，无线移动终端在通信技术迭代的过程中扮演着越来越重要的角色。

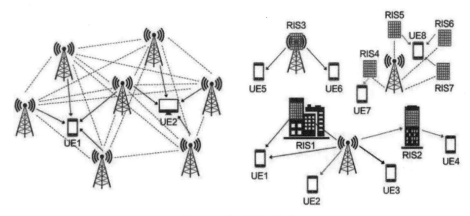

图 1-1 移动通信技术

1.2 技 术 发 展

通信技术的发展（见图 1-2），无论是从最开始的 1G 模拟通信，还是到以 2G、3G、4G、5G 为代表的数字通信；无论满足的业务需求是单纯的语音业务，还是服务于各种新型的移动互联网应用，人们都非常关注无线通信终端的通信性能。因为无线通信性能好坏，决定着终端通信质量的优劣。为了提升终端质量和用户的终端使用体验，需要对终端性能进行测试评估。通常情况下，所有终端在上市之前，都需要进行全面型号认证，只有检测合格的终端型号，才能上市销售。绝大多数终端的设计都会用到射频连接器，在全面型号认证测试中，常用的射频性能测试主要用射频线缆连接被测设备（equipment under test，EUT）的射频连接器和测试仪表，称为传导测试。传导测试虽然能够评估终端的射频性能好坏，但是无法将天线因素对整机性能的影响考虑在内，甚至无法完整验证整机内部不同功能单元的干扰情况。如果终端应用 MIMO 多天线，则传导的方式无法对终端天线以及天线间的性能进行综合评估。在 5G 时代，支持毫米波频段的终端都基于相控天线阵列与射频链路完全集成的系统架构，意味着终端不存在天线端口，也就无法通过传导测试衡量终端性能，对于终端的无线空口性能，传导测试无法验证其性能。在这种情况下，为了全面、完整地评估终端天线的发射和接收性能，就需要对整个终端性能进行测试，使用 OTA 测试方式，又称为辐射测试。OTA 测试方式弥补了传统的全面型号认证测试中无法评估终端整体天线性能的不足，并且能够解决终端无天线端口时无法进行性能评估的缺陷，能够完整验证从芯片到天线端各种因素对终端整体性能的影响，甚至包括芯片收发算法对终端整体性能的影响。目前在终端天线性能测试中，OTA 测试方式已经成为主流的终端天线测试方式，其测试环境如图 1-3 和图 1-4 所示。

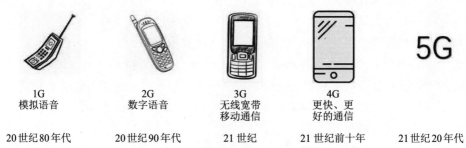

1G	2G	3G	4G	5G
模拟语音	数字语音	无线宽带 移动通信	更快、更 好的通信	
20 世纪 80 年代	20 世纪 90 年代	21 世纪	21 世纪前十年	21 世纪 20 年代

图 1-2 移动通信技术发展时间线

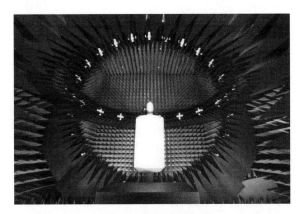

图 1-3　OTA 测试环境

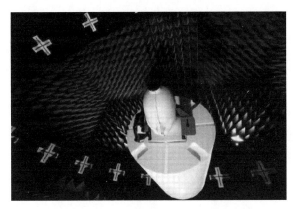

图 1-4　OTA 测试环境（俯视图）

在 OTA 测试中，目前主要有无源测试和有源测试两种方式。

（1）无源测试侧重从天线的增益、效率、方向图等辐射参数方面考察天线辐射性能。无源测试虽然考虑了整机环境（如天线周围器件、开盖和闭盖）对天线性能的影响，但天线与整机射频链路配合之后最终的辐射性能如何，从无源测试数据无法直接得知。无源测试的速度较快，但由于终端往往是复杂材料体，在最终的测试中，它对发射性能的模拟是可信的，对接收性能，只能大致参考，甚至有些个案中不具备可信度。

（2）有源测试侧重从整机的发射和接收方面考察设备的辐射性能。它是在特定的微波暗室中测试整机在三维空间各个方向的发射性能和接收性能，能够更加直观地反映设备整机的辐射性能。有源测试可模拟无线设备的真实使用状态，衡量无线设备与基站之间的实际连接情况，评估终端辐射盲点和天线功率分布，从而验证无线设备和网络的连接能力以及终端使用者对辐射性能的影响。OTA 终端有源性能测试结果如图 1-5 所示。

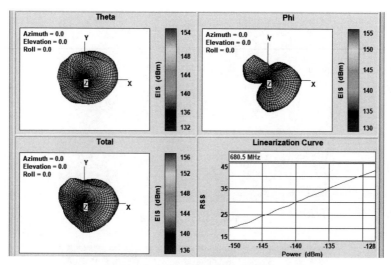

图 1-5　OTA 终端有源性能测试结果

从图 1-5 中可以看出，终端 OTA 测试软件的界面显示了 4 张测试图，上两张三维图分别代表 OTA 测试中 Theta（θ）极化、Phi（φ）极化下终端的接收性能指标等效全向灵敏度（EIS）；第三张三维图表示两个极化合成后的 EIS 的值；三维图默认选择方位角（Azimuth）、俯仰角（Elevation）、滚动角（Roll）为 0；第四张表示接收信号功率（RSS）与功率（Power）的线性关系曲线。测试结果很直观地反映了终端在模拟通信场景中不同角度、极化下接收性能指标的情况。

终端天线性能测试具有十分重要的意义。

（1）对于运营商，网络运营商通常运用链路预算来确定网络的规划。对于自由空间损耗，电磁场以 $1/r$ 进行衰减，其中 r 为距发射点的距离，转化为对数结果，即路径损耗为 $20\lg r$，则 10 倍距离增加 20dB 的衰减。如果链路预算减小 1dB，那么自由空间的传输覆盖距离就减小 11%。如果将减小的覆盖距离转化为增加的 AP 覆盖数量，则需要增加 25% 的热点才能全部覆盖。因此，1dB 或者 2dB 的差异会显著地增加网络建设的负担。网络建成以后，为了填补网络盲区而增加的热点会产生更大的负担。所以，当网络建成后，要衡量终端的性能，从而保证服务质量，减少用户关于网络质量的投诉。

（2）对于制造商，终端天线性能测试有助于制造商提高产品质量，有效地解决掉线率高、不能接通、耗电量高、网络连接不稳、基于网络服务的应用无法正常使用等问题，有效提升用户满意度，从而提高用户对企业产品的认可度。模拟人头部、人手状态下的终端天线性能测试可模拟终端在实际使用中的情况，有效评估人头部及手握状态下对终端天线性能的影响，对制造商优化和改进终端设计方案有很大的帮助，良好的终端天线性能指标是终端进入国内和欧美等国际市场的前提。

（3）对于终端用户，提高终端天线性能，可以显著地提升终端连接质量，降低掉线率，有效地提升通话质量、浏览网页的速度及流畅性，极大地提升用户体验。

1.3 关 于 本 书

本书将围绕 5G 终端天线测试技术与实践这一主题展开，介绍 5G 终端天线测试原理及测试方法等内容。全书共 7 章，第 1 章为绪论，主要从终端天线测试方法演进、性能测试意义展开全书内容；第 2 章介绍终端天线的基本原理及结构，包括 5G Sub-6GHz 频段天线类型，以及 5G 毫米波频段天线在学术领域、产业领域的现状和未来面对的挑战；第 3 章介绍 5G 终端天线测试系统，包括 5G 终端天线测试仪器仪表、5G 终端天线性能测试环境等内容；第 4 章主要针对目前终端天线测试标准化工作进行介绍，包括第三代合作伙伴计划（3rd Generation Partnership Project，3GPP）、美国无线通信和互联网协会（Cellular Telecommunications and Internet Association，CTIA）、中国通信标准化协会（China Communication Standard Association，CCSA）三大主流标准组织的标准化进展；第 5 章主要基于 5G 终端 OTA 测试，包括 5G Sub-6GHz 频段和毫米波频段的单输入单输出（single-input single-output，SISO）、多输入多输出（multi-input multi-output，MIMO）测试；第 6 章介绍国内外终端天线性能测试认证的要求；第 7 章以对终端天线测试未来发展趋势的展望，总结全书。

第 2 章
天线发展及终端天线原理与结构

在进行移动终端等设备的通信性能测试前，首先需对移动终端中的关键设备之一——天线有一定的认识。本章从天线的发展历史出发，基于终端天线设计原理，通过研究其结构、类型及测试指标，使读者能够了解终端天线设计原理、结构、参数指标等方面的知识。

2.1 天线发展简史

天线是无线电通信、无线电广播、无线电导航、雷达、遥测遥控等各种无线电系统中必不可少的设备。天线最初的设计思路来自动物的触觉器官（见图 2-1），其英文为 antennae，因此单词的单数 antenna 即天线，如图 2-2 所示。在过去的一百多年里，它又被赋予了连接无线电系统和外部世界的新意义。

图 2-1 动物触角

图 2-2 天线

德国卡尔斯鲁厄理工学院的海因里希·鲁道夫·赫兹在 1886 年创建了世界上第一个天线系统。其装配的设备在现在描述为工作在米波波长的完整无线电系统，采用终端加载的偶极子作为发射天线，谐振方环作为接收天线。除此之外，赫兹还用抛物面反射镜天线进行过实验。

虽然赫兹是无线电之父，但是他的发明仅停留在实验室阶段。真正将天线应用于实际的是意大利发明家马可尼。1901 年 12 月中旬，在意大利博洛尼亚，马可尼在赫兹的系统上添加了调谐电路，为较长的波长配备了大型天线和接地系统。马可尼改进的系统成功地接收到了跨越大西洋的无线电信号。因此，该系统被认为是付诸实用的第一个无线电通信系统。马可尼的发明在远洋、海事通信上表现出了巨大的价值，为马可尼赢得了普遍的赞誉。

早期无线电的主要应用是长波远洋通信，因此天线的主要发展也集中于长波波段。1925 年，随着中、短波无线电广播和通信开始实际应用，各种中短波天线得到迅速发展。1940 年以后，有关长、中、短波天线的理论基本成熟，主要的线天线理论沿用至今。雷达的出现，厘米波得以普及，无线电频谱得到了更充分的利用。如今，天线被安装在汽车、飞机、船舶上，为其提供必不可少的通信联络；移动终端和所有类型的无线器材都借助天线为人们提供对任何地点与任何人的通信；数以千计的通信卫星正负载着天线运行于近地轨道、中高度地球轨道和地球同步轨道。手持通信终端能够进行卫星通信以及获得任何地点的经度、纬度和高度信息，精确度可达厘米级。

随着人类活动的扩展，对天线的需求也将增长到史无前例的程度，天线将能够提供对任何事物的及其重要的联系，成为未来的明星（见图 2-3）。

图 2-3　天线连接万物

2.2　终端天线设计原理

移动终端常规天线是移动终端设备中最常见的天线，如图 2-4 所示。对于大部分移动终端天线从业人员，所谓天线设计都是指这类天线的设计。它由一个辐射单元构成，可以支持一个频段或多个频段的天线。移动终端天线属于低方向性天线，在进行天线设计时，不考虑天线增益及辐射方向图，仅需考虑天线效率。传统上，移动终端天线都是由单极子天线、环天线和微带贴片天线演变而来的电小尺寸天线。

对于电小尺寸天线，尤其是移动终端中普遍采用的电小尺寸天线，天线净空是天线设计中非常重要的概念，它是衡量天线环境最重要的参数。一定程度上，移动终端天线的发展史就是与天线净空的斗争史。天线净空示意如图 2-5 所示，其中 d 是天线净空，它表示天线主要辐射体离金属接地板的距离，金属接地板通常是指移动终端中面积最大的金属部件，对于采用非全面屏的老式移动终端，金属接地板通常是指终端主板。随着终端屏占比的逐步提升，屏幕通常是离天线最近的金属部件，所以把天线与屏幕边框的距离作为天线净空。注意，屏幕的柔性印制电路板通常比屏幕更靠近天线，考虑天线净空时，需要从屏幕的柔性印制电路板开始计算。

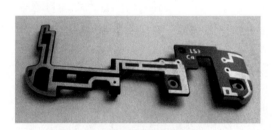

图 2-4　移动终端常规天线

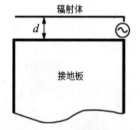

图 2-5　天线净空示意

近十年来，随着智能手机终端屏占比的不断提升，天线净空得到大幅度的减小。十年前，天线设计师通常能够得到 10～15mm 的天线净空，而现在天线净空大幅缩减为 1～2mm。工作频率越低的天线需要的天线净空越大，支持频段越多的天线需要的天线净空越大。

需要天线净空的天线主要包括单极子天线（monopole antenna，MA）、倒 F 天线（inverted F antenna，IFA）和环天线（loop antenna，LA），它们主要的优点是天线高度要求低，符合移动终端超薄设计的趋势，所以这类天线是当前最主要的移动终端天线类型。

2.3　天　线　结　构

天线结构的变化要从移动通信技术的演进说起。图 2-6 展示了 1G 到 5G 移动通信技术的演进发展路线。图中缩略语含义为：先进移动电话系统（Advanced

Mobile Phone System，AMPS）；全球移动通信系统（Global System for Mobile Communications，GSM）；IS-95 CDMA 是美国高通公司（以下简称高通）发起的第一个基于码分多址（code division multiple access，CDMA）的数字蜂窝标准；宽带码分多址（wideband CDMA，WCDMA），时分同步码分多址（time-division synchronous CDMA，TD-SCMDA）；长期演进技术升级版（long term evolution advanced，LTE-A），全球微波接入互操作性（worldwide interoperability for microwave access，WiMAX）；增强移动带宽（enhanced mobile broadband，eMBB），海量机器类通信（massive machine type communication，mMTC），高可靠低时延通信（ultra-reliable and low-latency communication，uRLLC）。

从 1G 到 4G 乃至 5G 的 sub-6GHz（低于 6GHz）频段，天线设计的主要挑战基本来自"量的增加"，如无线通信频段数量的增长及 MIMO 阶数的增加带来的天线数量上的增长。然而，到了 5G 毫米波频段，手机天线设计从单天线且波束固定的天线设计，转变为波束赋形的天线阵列设计。因此，5G 毫米波的天线阵列设计对手机天线设计的技术与艺术而言，是一种巨大的挑战与变革。

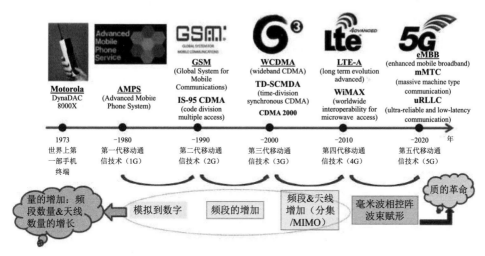

图 2-6　移动通信技术发展路线

图 2-7 展示了 1G 到 5G 时代的终端技术演进路线。在 1G 到 3G 时代的手机天线设计，基本可由天线设计师独立完成。到了 4G LTE 时代，由于频段的增多与频率下探，在受限的天线有效空间下，往往需借助电调谐器件，以达到更有效率的辐射，软件便影响了手机天线的设计，但此时软件工作仍属于支持天线设计师的辅助角色。到了 5G 毫米波的天线阵列设计，软件的角色已经不再只是按照天线设计师的要求进行协助，而是转变为可以直接影响波束赋形阵

列性能的关键角色。天线阵列波束方向图的扫描和切换，需要在基带的控制下方能完成。

图 2-7　终端天线形式的变化

2.4　终端天线类型

在了解了传统天线的设计原理以及天线结构后，本节将阐述 5G 终端天线类型及相关内容，读者将在本节了解 5G Sub-6GHz 频段和 5G 毫米波频段的终端天线类型、毫米波频段终端天线学术及产业领域的进展等。

2.4.1　Sub-6GHz 天线概况

典型的 Sub-6GHz 天线设计包括平面倒 F 天线（planar inverted F antenna，PIFA）、倒 F 天线（IFA）和单极子天线等。

1. PIFA

PIFA 是一种典型的内置天线形式，可以看作由单极子天线或微带贴片天线演变而来的，这些天线都可以独立推导出 PIFA，与此同时，PIFA 也在一定程度上融合了这些天线形式的特点。设计移动终端天线时，典型的 PIFA 的基本结构通常由一个馈源、一个接地点和一个平面或曲面辐射表面，以及一个大的接地平面作为反射面构成，如图 2-8 所示。从侧面看，PIFA 形状类似倒置的字母 F，所以称为平面倒 F 天线。手机终端中 PIFA 设计如图 2-9 所示，影响 PIFA

辐射特性的主要结构参数包括天线高度 H、辐射单元、长度 L、宽度 W、短路探针与馈电探针（馈点）之间的间距 S，以及参考接地面的大小。

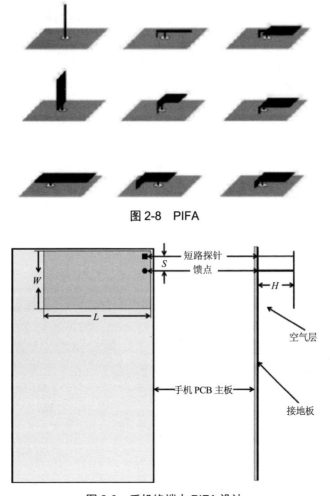

图 2-8　PIFA

图 2-9　手机终端中 PIFA 设计

以诺基亚经典机型 6100 为例，采用典型的 PIFA 天线，由天线辐射体、支架和连接件 3 部分组成。金属冲压形成的天线辐射贴片热压合到塑料天线支架上，通过两个连接件与主板 PCB 连接。天线有三个辐射枝节，中间较短的是中、高频枝节，外围较长的是低频枝节，这是典型的 G 形 PIFA。最右侧还有一个寄生贴片，用于扩展带宽。实物如图 2-10 所示。

图 2-11 为另一款经典机型（西门子 SL55）采用的 PIFA 方案，屏幕的柔性印制电路板天线辐射贴片贴装于塑料天线支架上。通过馈电枝节与接地线与主

板 PCB 相连。天线贴片有两个辐射枝节，中间较短的是中、高频枝节，外围较长的是低频枝节，构成典型的 G 形 PIFA。在第二代移动通信时代，这种天线非常广泛地应用于各种移动终端中。

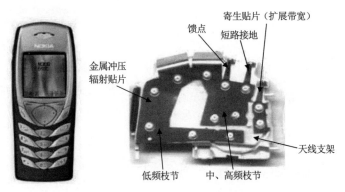

图 2-10　诺基亚 6100 及其天线设计

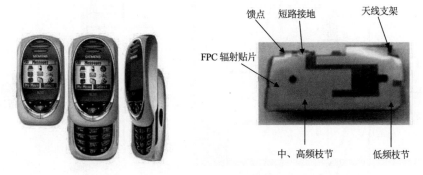

图 2-11　西门子 PIFA

典型的 PIFA，其谐振频率主要受电流的有效路径长度的影响，即受辐射单元的长度 L 和宽度 W 影响。谐振频率可依照下式估算：

$$f_{\text{lo}} = \frac{c}{4g(L+W)} \tag{2-1}$$

式中：c 为电磁波在自由空间中传播的波速。可见，W 和 L 决定了 PIFA 的最低工作频率。调整辐射单元的有效长度（长度 L+宽度 W），可以调整 PIFA 的谐振频率。在实际设计中，辐射贴片的长度 L 需要和手机 PCB 主板的宽度相近，如图 2-12 所示，以便实现较宽的工作频段。此外，谐振频率也受到短路金属片宽度的影响。PIFA 的电流分布分析如图 2-13 所示，可以看到短路金属片宽度的变化会改变辐射金属片表面的有效电流路径。随着短路金属片宽度逐渐减小，辐射金属片表面的有效电流路径逐渐增加，天线的谐振频率向低频端移动。

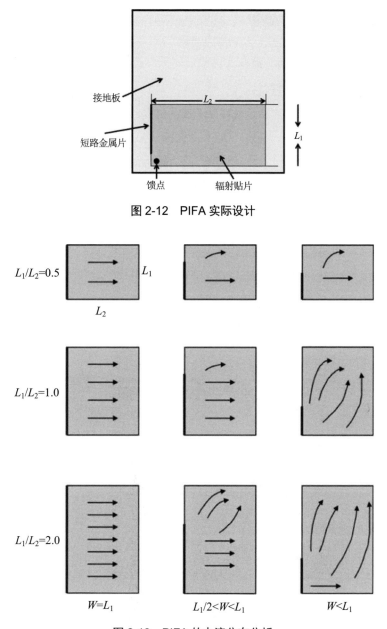

图 2-12　PIFA 实际设计

图 2-13　PIFA 的电流分布分析

PIFA 的工作带宽主要受天线高度 H 的影响。采用图 2-14 中给出的 PIFA 的仿真模型，分析天线厚度对 PIFA 带宽的影响。图中辐射贴片尺寸 $L \times W$ 为 50mm×25mm，不同高度 H 对应的回波损耗分析结果如图 2-14 所示。从分析结果可以看出，当 H=9mm 时的工作带宽（$S_{11} \leqslant -10$dB）约为 H=5mm 时工作带宽的 2.5 倍。注意，在该分析过程中我们调整了馈点与短路接地线之间的间距 S，以达到良好的阻抗匹配效果。H 分别等于 5mm、7mm、9mm 时对应的间距 S 分别为 4mm、5.5mm、7.2mm。但在实际设计时天线高度受到手机整体厚度的限制。

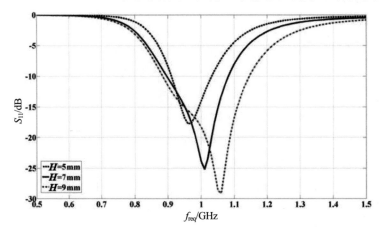

图 2-14　PIFA 仿真模型

面对手机双频/多频化的技术需求，PIFA 典型的对频段设计方法如下。

在天线辐射贴片上开槽，通过引入多条电流路径，实现多频工作，这是最常用的双频/多频化设计方法，如图 2-15 所示。根据不同的槽缝形状，可以称为 L 形天线、G 形天线、U 形天线等，还有它们的异形结构。除了可以形成宽带或者多频段，各种形状槽缝的引入还可以延长电流路径，起到天线小型化作用。

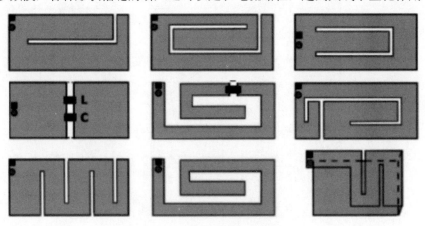

图 2-15　天线的双频/多频化设计

在第二代移动通信技术时代，内置 PIFA 作为第二代移动终端的标志性天线技术，占据了非常重要的地位，诺基亚大量使用这种形式的天线。目前，随着智能手机设计得越来越薄，屏占比越来越高，并且支持的功能越来越多（如

无线充电功能的引入），手机中很难提供足够的高度和空间支持多频段的 PIFA
设计。因此，PIFA 在当前智能手机中应用得越来越少，只在一些高频或者超高
频天线上使用。因此，本书只对其进行简单介绍。

2. IFA

IFA 因其形状类似大写字母 F 得名，可以看成是由平面单极子天线发展而
来的，如图 2-16 所示，常用于手机、WIFI 模块、BT 模块、笔记本电脑等。

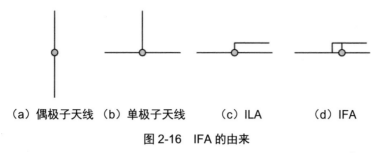

（a）偶极子天线　（b）单极子天线　　　（c）ILA　　　　（d）IFA

图 2-16　IFA 的由来

本质上讲，IFA 是偶极子（单极子）天线的变形。通过将单极子天线（鞭
状天线）的上半部分向下弯折至与接地面平行，形成平面单极子或者倒 L 天线
（Inverted L Antenna，ILA），能够显著减小天线的纵向尺寸。但由于与地面平
行的部分和地面间的耦合引入了容抗，恶化了天线的阻抗匹配。因此，在天线
结构中引入感性的接地分支（IFA）或并联电感（ILA）改善阻抗匹配。增加的
接地部分起到改善天线输入阻抗的作用，对天线的辐射特性的影响较小。但是
接地分支的引入稍微减小了天线的有效长度，所以，同样尺寸的 IFA 和单极子
天线相比，IFA 的谐振频率偏高。

IFA 的谐振频率，由天线与地面平行的分支长度（$S+L$）决定。

$$(S + L) = \frac{1}{4}\lambda_g \qquad (2\text{-}2)$$

为了更好地理解 IFA，采用图 2-17 所示的单极子天线、ILA 及 IFA 的仿真
模型，分析三者之间的差异。在仿真中，三款天线采用相同的尺寸设计。对于
ILA，天线的高度（天线水平枝节和接地面之间的间距）分别设置为 8mm、16mm、
18mm。对于 IFA，天线的高度设置为 8mm，馈电枝节与短路枝节之间的间距 S
为 7mm。几款天线的回波损耗仿真结果如图 2-18 所示，由于短路枝节的引入
延长了有效电流路径长度，导致 IFA 的谐振频率稍偏向低频。对于 ILA，天线
的高度影响天线的输入阻抗。天线的高度（H）越高，天线水平枝节与地面间
的容性耦合越小，天线的匹配越好，带宽越宽。对于 IFA，接地分支相当于引
入并联电感，用于抵消容性耦合。调整接地分支与馈点间距，相当于调整并联
电感的大小，从而改善阻抗匹配。

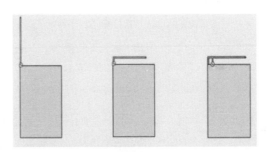

图 2-17　单极子天线、ILA 和 IFA

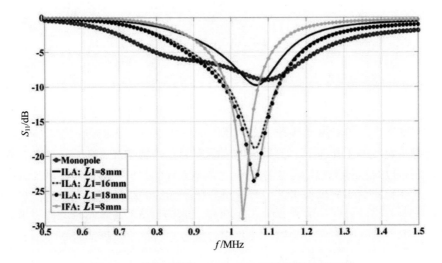

图 2-18　单极子天线、ILA、IFA 回波损耗仿真结果

终端天线的双频/多频化设计实现原理如下。

（1）利用天线的基频和倍频，实现多频工作。

（2）通过引入多条分支，从而引入多条电流路径，实现多频工作，这是最常用的多频化设计方法。

天线的宽带化设计实现原理如下。

（1）引入寄生单元（枝节），从而展宽工作频段。

（2）通过耦合馈电，从而展宽工作频段。

3．单极子天线

单极子天线是最古老的天线形式之一，在 1901 年马可尼开创无线电远距离通信的实验中，所用的发射天线就是单极子天线，这种天线广泛地应用于多种无线通信场合。移动终端的单极子天线如图 2-19 所示。

图 2-19　移动终端的单极子天线

基本的单极子天线是 1/4 波长谐振天线，其尺寸是相同谐振频率下偶极子天线尺寸的一半，其基本模态为 λ/4 态，第二个模态为 3λ/4 态（其中，λ 表示谐振频率对应的工作波长）。单极子天线安装在接地平面上，它可以是实际地面，也可以是载体平台如车体、机体、手机主板等金属接地面。单极子天线的馈电是在通常使用同轴电缆的下端点进行的，馈线的接地导体与平台金属接地板相连接。根据镜像理论，在自由空间中，理想的四分之一波长单极子天线在水平面以上空间的辐射方向图与半波偶极天线相同，在水平面以下空间其辐射为 0。在水平面上，单极子天线是全向性的。

早期的第一代、第二代移动终端产品，都是采用这种形式的外置天线，在移动电话顶部，伸出一个直立的杆状/鞭状天线。典型的外置天线形式包括诞生于 1983 年的第一款商用手机 Motorola DynaTAC 8000X 上采用的套筒天线、经典机型 Motorola MicroTAC 9800X 上采用的拉杆天线（1989）以及 Motorola StarTAC 上采用的鞭状天线（1996）。

随着移动通信技术的发展和普及，用户对移动终端产品外观及小型化的要求越来越高，于是内置天线的概念应运而生。通过将外置天线进行折弯后，放置于移动电话内部的底部区域，并根据采用的天线技术方案调整主板上的接地金属层分布，就诞生了内置天线。回顾移动终端产品的发展历程，以内置单极子及 PIFA 为代表的各种内置天线形式的出现，正是第二代移动通信终端的典型技术特征。以图 2-20 所示的典型带内置天线的移动电话（Motorola RAZR V3）为例，由于结构设计要求，以及支持的频段越来越多，早期的典型单极子天线通常形似字母 G，称为 G 形天线。中间短的枝节工作谐振频率为 1710～1990MHz，外围长的枝节工作谐振频率为 824～960MHz。

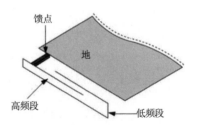

馈点

地

高频段

低频段

图 2-20 单极子天线

同为典型的内置天线结构，与 PIFA 相比，单极子天线有以下几个不同点。

（1）PIFA 下方必须铺地，而单极子天线下方必须留出净空；所以 PIFA 有一定的厚度限制，而单极子天线只需满足在天线周围有一定距离的净空区，对手机厚度的限制较小。

（2）PIFA 必须有短路引脚（一个或两个，视情况而定），一般情况下内置单极子天线只有一个馈点，短路引脚视设计情况而定，可以添加（但非必要）。

（3）因为参考地的存在，在相同体积的前提下，PIFA 无论是带宽和增益都小于相同体积的内置单极子天线。对于当前的多频多模手机，具有较大带宽和较高增益的内置单极子天线相对更加容易设计。

（4）单极子天线比吸收率高于 PIFA。

终端天线的多频段设计实现原理如下。

（1）通过引入多条分支而引入多条电流路径，实现多频工作，这是最常用的多频化设计方法。

（2）利用天线的基频和倍频，实现多频工作。

（3）通过引入寄生耦合单元，实现多频段设计。

表 2-1 中列出了单极子天线与 PIFA 的部分性能指标对比。

表 2-1 单极子天线与 PIFA 的部分性能指标比较

对 比 项	单极子天线	PIFA
地面	投影区净空	投影区必须有金属接地板
带宽	带宽较宽，容易实现多频、多模、宽带化设计	带宽较窄
效率	效率高，理想情况下能够接近外置天线	效率较低
比吸收率	投影区无金属接地板，比吸收率较高	较低
结构	对厚度无要求	对厚度有一定要求
稳定性	投影区净空，受结构、人体、外界等的影响相对较大，且在平面单极子天线周围不能有较大尺寸的金属元器件，在手机设计时需要考虑各种环境因素对它的影响	由于接地面的存在，PIFA 的频率性能较为稳定，不易受外部环境改变的影响

随着宽带无线网络技术的发展，以及更多无线通信频段及高阶多输入多输出（MIMO）的引入，对智能手机支持频段数量及带宽的要求也越来越高，内置单极子天线具有大带宽和高增益的特性，易于满足 4G/5G 时代数百兆带宽需求，再加上其结构灵活，对手机的厚度要求没有 PIFA 那么苛刻，所以对于多频超薄智能手机，内置单极子天线获得了更为广泛的应用。

2.4.2　毫米波天线概况

毫米波频段低端毗邻厘米波、高端衔接红外光，既有厘米波的全天候应用、毫米波在大气中的衰减曲线特点，又有红外光的高分辨率特点。毫米波通信最突出的优点是波长短和频带宽，是微型化和集成化通信设备支撑高性能、超宽带通信系统的技术基础。其千倍于 LTE 的超宽带宽为 5G 系统的超高速率和超连接数提供了保证。毫米波通信设备体积小、质量小，便于微型化、集成化和模块化设计，不仅可以使天线获得很高的方向性和天线增益，还特别适合移动终端的设计理念。此外，毫米波的光通信直线传播特点非常适合室内外移动通信，室外可以获得高稳定性，室内可以避免设备间干扰。

毫米波天线可以分为传统结构天线和基于新概念设计天线两大类。前者主要包括阵列天线、反射天线、透镜天线和喇叭天线等（与技术成熟、应用广泛的微波天线类似），后者主要有微带天线、类微带天线、极化天线和行波天线等。对于 5G 网络而言，前者的阵列天线适合大规模 MIMO 基站天线，后者的微带天线适合 MIMO 终端天线。应用于大基站和小基站的大规模 MIMO 天线阵列，振子数最多可达上百，甚至更多，由于需要应用空分多址方式，上百个振子可以分成多个用户天线集群，每个集群为一个独立阵列，可为用户提供分集增益和波束赋形。终端 MIMO 天线只需获取分集增益和波束赋形，天线振子数最多十几个就可以满足需求。毫米波类微带天线，又称集成天线或波导天线，是一种将有源器件和辐射单元集成在一块印刷电路板，甚至集成在一个砷化镓（GaAs）基片上的微型天线。由于集成工艺完美，天线阻抗和有源器件完全匹配，甚至可以通过集成共面波导连接阵元与器件，达到降低天线损耗、提高天线效率的目的。可以预见，这类广泛应用于军事领域的毫米波天线，其成熟的微型化与集成化技术，可以为 5G 终端 MIMO 天线应用提供技术基础。

毫米波天线在学术领域和产业领域有广泛应用，但也面临着一些挑战，下面分别进行介绍。

1. 学术领域

近几年来，国内外关于终端毫米波微带天线的研究和报道越来越多。2016

年，Helander J.等发表文章指出当天线工作在毫米波频段时，随着频率的升高，天线单元的物理尺寸减小。因此，在移动端可以采用阵列天线的形式来实现高增益，以克服毫米波频段较大的路径损耗。随着天线增益的增大，其波束宽度相应变窄，可以有效降低同信道的干扰，同时也降低了阵列覆盖范围。文章中同时提出了两种工作于 15GHz 频段的天线单元设计方案。一款是缝隙天线，天线单元为双层结构，通过微带线结构、长度为四分之一波长（L_n）的谐振槽馈电，该谐振槽宽度 W_n 远远小于 L_n。为了抑制表面波的产生及传播并实现具有可控的更宽的单元波束，在谐振槽两侧周期性蚀刻具有相同长度的寄生槽；第二款是孔径耦合贴片天线，通过在底板上蚀刻缝隙并在其背面通过微带线进行馈电。将天线单元放置在手机相应的位置上，如图 2-21 所示。根据图 2-22 所示的两个方案，图 2-22（a）方案为 1×4 的缝隙天线，整体长度为 40mm，增益为 9.9dBi，辐射效率为 87%；图 2-22（b）方案为 1×4 的贴片，整体长度为 40mm，天线增益为 10.4dBi，效率为 85%。相邻单元之间的隔离度为 16dB（两种组阵形式都满足）。

图 2-21 4×1 阵列天线在手机上的安装位置

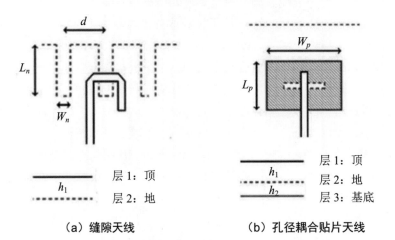

（a）缝隙天线　　　　　　　（b）孔径耦合贴片天线

图 2-22 缝隙天线与孔径耦合贴片天线示意图

　　2017 年，Mao C. X.等提出了一种具有高增益、低剖面、宽频带的毫米波微带阵列天线方案。如图 2-23 所示，天线采用三阶垂直耦合谐振结构，包括矩形贴片、U 形槽及 F 形馈电谐振结构。单元天线尺寸为 3.5mm×3.5mm×0.987mm。进行组阵后，得到 1×2、1×4 的阵列，如图 2-24 所示。通过功分器对阵列进行馈电，功分器提供两个额外的谐振频点，可以进一步增强天线的阻抗带宽。阵列天线工作频段为 22～32GHz，天线增益约为 19dBi，波束扫描阵列可以在较宽的工作频段上实现 25°的扫描范围。

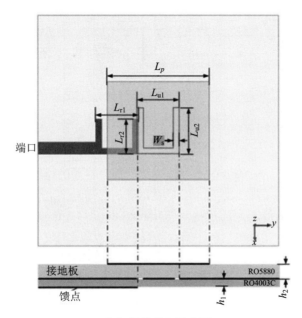

（a）天线单元示意图

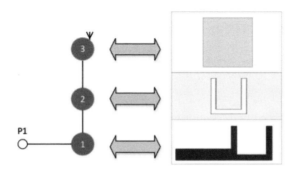

（b）天线单元等效电路图

图 2-23　天线单元示意图

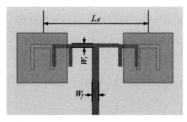

（a）1×2 阵列

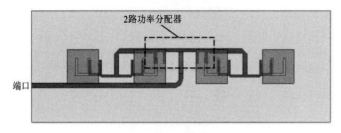

（b）1×4 阵列

图 2-24　天线阵列结构示意图

　　2016 年，Shen M.等提出了一种波束三维可覆盖的相控阵手机天线方案，该方案的设计思路如图 2-25 所示，通过部署三个子阵列，使用波束扫描实现三维空间全覆盖。天线阵列的尺寸为 55mm×3.8mm×4.5mm，八个贴片天线单元之间的中心距离约为自由空间半波长（λ/2）。该天线工作频段覆盖 21～22GHz，同一子阵列内单元之间的隔离度超过 20dB，子阵列之间的隔离度超过 15dB。合成波束在 0°～75°的扫描范围内具有良好的辐射特性，在上半球空间能够实现超过 10dBi 的波束覆盖。每个子阵列在 21.5GHz 频点处的不同扫描角的辐射情况，如图 2-26 所示。

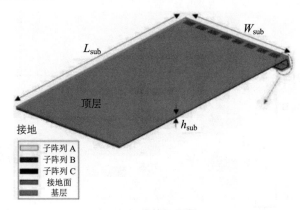

（a）天线平面图

图 2-25　采用同轴探针馈电技术的天线单元

（Ant.XY 表示子阵列 X 上的第 Y 个天线单元）

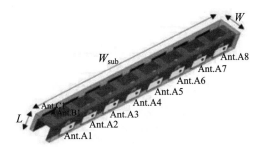

（b）三个子天线阵的配置

（c）子阵列底层

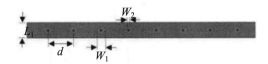

（d）子阵列顶层

图 2-25　采用同轴探针馈电技术的天线单元

（Ant.XY 表示子阵列 X 上的第 Y 个天线单元）（续）

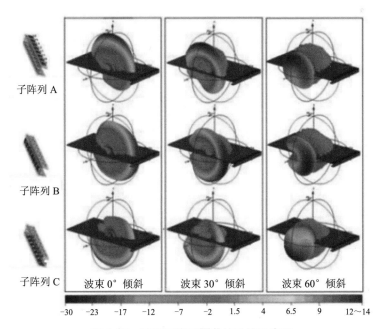

图 2-26　波束三维可覆盖的天线示意图

2. 产业领域

2014 年,三星电子美国达拉斯电信实验室的 Hongyu Zhou 提出了一种适用于全金属外壳手机应用的相控阵天线,每个子阵的最大增益为 11dBi,覆盖 1/4 的空域 f 范围,通过部署于手机四个面的子阵实现全空域覆盖。该设计基于波导结构,因此,适合全金属外壳手机的集成化。天线工作频率为 28GHz,带宽为 2GHz。

作为 5G 的领头羊,高通于 2017 年 12 月 21 日利用自研的基带芯片、毫米波芯片与 AiP 技术,制成了 5G 毫米波终端参考样机,并与爱立信公司的预商用毫米波基站实现了世界上第一次基于 5G 新空口(new radio,NR)——5G NR 的不同厂商产品之间的互联互通,奠定了 5G 毫米波移动通信正式商用的基础。图 2-27 是高通 5G 毫米波终端参考样机实物照片,3 个工作在 28GHz 的 AiP 模组清晰可见,另外一个 AiP 模组位于 PCB 右下角背面。每一个 AiP 模组都可以实现快速波束扫描,便于部署安装在终端不同区域。此后,高通分别于 2018 年及 2019 年发布了其商用 5G 毫米波 AiP 模组:QTM 052 及 QTM 525 如图 2-28 所示,其产品性能如图 2-29 所示。

图 2-27　高通 5G 毫米波通信用户终端参考设计样机实物照片

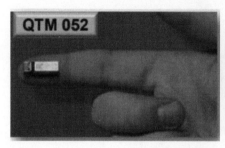

图 2-28　高通发布的毫米波模组示意图

高通 AiP	SKU	频段 n258 (24.25-27.50 GHz)	频段 n257 (26.50-29.50 GHz)	频段 n261 (27.50-28.35 GHz)	频段 n260 (37.0-40.0 GHz)
QTM 052 (Jul., 2018)	#1		v		
	#2			v	v
QTM 525 (Feb., 2019)	#1	v	v		
	#2	v		v	v

图 2-29　高通 QTM 052/525 毫米波模组性能比较

2018 年年中，维沃移动通信有限公司（以下简称 VIVO）和高通宣布，双方成功合作研制 5G 毫米波天线阵列模块并将其整合入 VIVO 实机内，且完成整机空口性能测量，可以说是手机天线应用上一次重大的突破和一次质的飞跃。

2018 年 10 月，作为高通 5G 领航计划的重要合作伙伴，小米科技有限责任公司（以下简称小米）使用高通骁龙 X50 5G 调制解调器及配套射频方案完成了 Sub-6GHz 频段和毫米波频段的数据连接，并针对手机主板堆叠、射频/天线设计做了针对性优化，对小米 MIX 3 5G 版的成功商用打下了坚实基础。

2019 年 1 月初，高通设计了业内第一款全集成 5G NR 毫米波及 6GHz 以下频段射频模组，主要用于智能手机或者其他移动终端。其所设计的 X50 5G 调制解调器支持四个天线阵列模组，能够避免用户握持手机对信号收发的影响。

3．毫米波天线应用挑战

毫米波频段也具有一些不适合发展地面无线通信的传输特性，制约着毫米波天线的应用，这些挑战包括如下内容。

1）路径损耗和穿透损耗大

毫米波无线通信系统载波频率较高，相比 3GHz 以下频段具有更高的路径损耗。此外，各种建筑材料对毫米波的阻挡吸收作用更加明显，使得毫米波具有非常大的穿透损耗。因此，一方面超高的路径损耗制约了毫米波室外蜂窝移动通信系统的传输距离及基站的覆盖范围；另一方面巨大的穿透损耗使得室外基站的信号难以进入室内。室内通信需要依靠室内基站及发展异构网络，如 60GHz 室内系统进行弥补。

2）特殊的信道传输特性

包括树叶遮挡、大气吸收、雨衰在内的多种环境因素对毫米波的传输性能具有严重的影响。随着频率的升高，树叶遮挡损耗变大，频率超过 80GHz，10m 的落叶遮挡可造成超过 23.5dB 的衰减，相比于 3GHz 频段高了 15dB。大气吸收包含氧气和水蒸汽吸收，57～60GHz 是氧气的吸收峰，可以造成 15dB/km 的吸收损耗，164～200GHz 频段水蒸汽吸收能够造成数十 dB 的衰减。大雨天气也会对毫米波通信造成影响，雨滴大小和毫米波波长相当，会发生严重的散射现象，造成不可忽略的衰减和多径效应。因此毫米波系统必须考虑由于雨衰带来的不稳定性。

3）电子器件和制造工艺的制约

高频电子元器件对于频率都很敏感，频率的偏移可能严重影响最终的响应，并且由于毫米波系统频段都很宽，宽带器件的设计、开发和生产需要更高的成本和更严格的制造工艺。基于上述原因，虽然对毫米波技术的研究从 20 世纪40 年代就开始起步，但是却经历了很长时间的低谷期。然而，随着制造工艺的进步、高频电子元器件和集成电路的发展以及对毫米波信道和传输特点的深入研究，毫米波移动通信系统重新回到了公众视野，并成为未来移动通信领域的研究热点。

2.5 终端天线测试指标

天线是无线电设备系统实现导行波与自由空间波转换的装置，是电路与空间的界面器件，其性能的好坏直接影响无线电设备系统性能的好坏。本节介绍部分常用于终端天线的测试指标。

2.5.1 带宽

天线的电性能参数随着频率的改变而发生变化，移动通信系统对电性能参数的变化有一定的允许范围。定义天线的电性能参数在允许范围之内的频率范围为天线的带宽（Bandwidth）。对于天线增益、波束宽度、旁瓣电平、电压驻波比（voltage standing wave ratio，VSWR）、轴比等不同的电性能参数，它们各自在其允许值之内的频率范围不同，也就是有各自的带宽。对于移动终端天线，主要考虑电压驻波比的带宽。通常用 $f_h - f_l$ 或者 $\dfrac{f_h - f_l}{f_0} \times 100\%$ 表示绝对带宽或者相对带宽，f_0 为中心频率或设计频率，f_h 和 f_l 分别为带宽内最高频率和最低频率。但在移动终端天线领域，通常采用支持的频段表示其带宽，如双频段天线、三频段天线或更多频段天线。

2.5.2 电压驻波比与回波损耗

根据微波传输线理论，如果天线系统工作在行波状态，只有入射波，没有反射波，称之为匹配状态。但通常天线系统工作在行驻波状态（见图 2-30），此时，天线不能吸收馈线的全部能量，有部分入射能量被反射，形成反射波，这部分损耗称为匹配损耗，通常用电压驻波比或回波损耗（return loss，RL，用 S_{11} 表示）衡量天线系统的匹配程度。

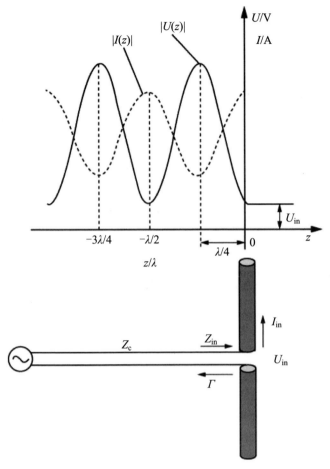

图 2-30　天线馈线上的行驻波

电压驻波比是传输线上相邻的波腹电压与波节电压振幅之比，用 *VSWR* 表示。假设馈线终端（天线输入端）的电压反射系数为 Γ，它是该处馈线反射波电压与入射波电压之比，即

$$VSWR = \frac{1+|\Gamma|}{1-|\Gamma|} \tag{2-3}$$

通常采用分贝（dB）表示回波损耗 S_{11}，则

$$S_{11} = 20 \lg |\Gamma| \tag{2-4}$$

根据式（2-3）和式（2-4）可知，反射系数、电压驻波比和回波损耗三者之间可以相互转换。设计天线时，最希望的状态是无反射波状态，称为匹配状态，此时，$\Gamma=0$、$VSWR=1$、$S_{11}=-\infty$，即馈线上无反射，所有能量都被天线吸收。但在实际的天线设计中，达不到完全匹配的理想状态，通常以回波损耗等于 $-15 \sim -6$dB 为目标。大多数情况下，用矢量网络分析仪测量电压驻波比或回波

损耗，通过它们可以得到阻抗匹配效率。阻抗匹配效率由下式得出

$$e_z = 1 - |\Gamma|^2 \qquad (2\text{-}5)$$

根据式（2-4），当回波损耗等于–6.0dB 时，馈线有 75%的能量被天线吸收，因此，通常把–6dB 设为手机终端天线匹配调试的目标值。回波损耗与电压驻波比对应关系如表 2-2 所示。

表 2-2　回波损耗与电压驻波比对应关系

回波损耗	反射系数	电压驻波比	回波损耗	反射系数	电压驻波比
0	1	无限大	25	0.0562341325190349	1.11916966793709
1	0.891250938133746	17.3909632476619	26	0.0501187233627272	1.10552628964360
2	0.794328234724282	8.72423218772324	27	0.0446683592150963	1.09351382767642
3	0.707945784384138	5.84804359280536	28	0.0398107170553497	1.08292264402965
4	0.630957344480193	4.41942772762391	29	0.0354813389233576	1.07357315178071
5	0.562341325190349	3.56977118269129	30	0.0316227766016838	1.06531086406744
6	0.501187233627272	3.00952047507449	31	0.0281838293126445	1.05800238802923
7	0.446683592150963	2.61456839455530	32	0.0251188643150958	1.05153215791266
8	0.398107170553497	2.32285068396510	33	0.0223872113856834	1.04579975148937
9	0.354813389233575	2.09987834004208	34	0.0199526231496888	1.04071767063713
10	0.316227766016838	1.92495059114853	35	0.0177827941003892	1.03620949418027
11	0.281838293126445	1.78488811204763	36	0.0158489319246111	1.03220833150261
12	0.251188643150958	1.67089966212037	37	0.0141253754462275	1.02865552088354
13	0.223872113856834	1.57689491088725	38	0.0125892541179417	1.02549952827725
14	0.199526231496888	1.49852034969241	39	0.0112201845430196	1.02269501130104
15	0.177827941003892	1.43258084255752	40	0.0100000000000000	1.02020202020202
16	0.158489319246111	1.37667809303175	41	0.00891250938133746	1.01798531303382
17	0.141253754462275	1.32897670341214	42	0.00794328234724281	1.01601376656374
18	0.125892541179417	1.28804820256146	43	0.00707945784384138	1.01425986782078
19	0.112201845430196	1.25276431326795	44	0.00630957344480193	1.01269927389091
20	0.100000000000000	1.222222222222222	45	0.00562341325190349	1.01131042972420
21	0.0891250938133746	1.19569118263779	46	0.00501187233627273	1.01007423545453
22	0.0794328234724281	1.17257366001698	47	0.00446683592150963	1.00897375613929
23	0.0707945784384138	1.15237659358345	48	0.00398107170553497	1.00799396797077
24	0.0630957344480193	1.13468982214708	49	0.00354813389233575	1.00712153594773
25	0.0562341325190349	1.11916966793709	50	0.00316227766016838	1.00634461876652

2.5.3　天线效率

在进行移动终端天线设计时，评价天线性能的最重要指标是天线效率

（efficiency）。在传统的教科书中，通常称为天线辐射效率。假设天线阻抗和馈线阻抗完全匹配，天线可以吸收馈线的所有功率，但天线本身存在导体和介质的欧姆损耗，使得天线辐射功率 P_r 小于其输入功率 P_{in}。依照电路处理的思路，把天线辐射和损耗的功率假设为两个电阻的热功率，分别称为辐射电阻与损耗电阻，用 R_r 和 R_σ 表示，所以，定义天线辐射效率（radiation efficiency）为：

$$e_r = \frac{P_r}{P_{in}} = \frac{P_r}{P_r + P_\sigma} = \frac{R_r}{R_r + R_\sigma} < 1 \tag{2-6}$$

式中：P_σ 为损耗的功率。

考虑天线和馈线之间的阻抗匹配效率，天线效率 e_s 定义为：

$$e_s = e_z e_r \tag{2-7}$$

由此可知，要提高天线效率，需要提高天线辐射效率和减少回波损耗，这二者都很重要。

2.5.4　方向性系数

天线的方向性系数（directivity）是天线的主要电参数之一，用来定量地描述天线方向性的强弱。天线的方向性系数 D 定义为天线在最大辐射方向上远区某点的功率密度与辐射功率相同的无方向性天线在同一点的功率密度之比。

$$D = \frac{S_M}{S_O} \,|\, P_r \text{ 相同，} r \text{ 相同} \tag{2-8}$$

式中：r 为等效球空间的半径。

以各向同性天线作为标准，对不同天线的性能进行比较，得出不同天线的最大辐射的相对大小，即方向性系数能比较不同天线方向性的强弱。式（2-8）中 S_M 和 S_O 可分别表示为

$$S_M = \frac{1}{2}\frac{E_M^2}{120\pi} \tag{2-9}$$

$$S_O = \frac{P_r}{4\pi r^2} \tag{2-10}$$

式中：E_M 为最大方向角度空间点的电场强度。因此

$$D = \frac{\dfrac{1}{2} \times \dfrac{E_M^2}{120\pi}}{\dfrac{P_r}{4\pi r^2}} = \frac{E_M^2 r^2}{60 P_r} \tag{2-11}$$

$$|E_M| = \frac{\sqrt{60 P_r D}}{r} \tag{2-12}$$

从式（2-12）可以看出，在辐射功率相同的情况下，有方向性的天线在最大方向的场强是各向同性天线场强的 $\sqrt{D}$ 倍，即对于最大辐射方向而言，其等

效辐射功率增大到 D 倍。

2.5.5 天线增益

天线增益用来衡量天线辐射能量的集中程度，它定义为在天线输入功率相同时，天线的辐射强度与各向同性天线辐射强度之比，天线增益定义如图 2-31 所示。

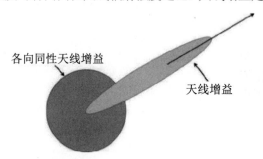

各向同性天线增益

天线增益

图 2-31 天线增益定义示意图

其含义与天线方向性系数类似，差异是计算增益时，需要考虑天线效率。由于各向同性天线假定为理想天线，其辐射功率即为输入功率。因此，增益与天线效率的关系为：

$$G = e_{s}D \qquad (2\text{-}13)$$

通常用分贝（dB）表示增益，理想电偶极子天线的增益为 1.76dB，理想半波振子天线的增益为 2.15dB。在有些应用中，天线的增益以半波振子天线的增益作为比较标准取分贝值，称为 dBd（decibel-dipole）；而将与各向同性天线相比所定义的增益分贝值，称为 dBi（decibel-isotropic）。

则由式（2-14）可得 dBd 和 dBi 之间的数量关系为

$$dBi = dBd + 2.15 \qquad (2\text{-}14)$$

增益显然与天线方向图有密切的关系，方向图主瓣越窄，副瓣越小，增益越高。天线增益是用来衡量天线朝特定方向收发信号的能力，它是选择基站天线最重要的参数之一，常用 G 表示。一般在不说明的情况下，天线通常指的是最大方向上的增益。

2.5.6 天线辐射方向图

天线辐射方向图是指在距离天线一定距离处，天线的辐射参量（场强振幅、相位和极化等）随空间方向变化的函数图。完整的方向图是三维的空间图形，称为立体方向图或空间方向图。立体方向图形象、直观，但画起来比较复杂。因此在实际应用中，天线方向图通常是用两个相互垂直的主平面内方向图表示的，称为平面方向图。如常用的方位面和俯仰面方向图、垂直面和水平面方向图等，如图 2-32 所示。

（a）立体方向图　　（b）垂直面方向图　（c）水平面方向图

图 2-32　天线辐射方向图

方向图根据不同的分类方式可分为：与场矢量相平行的方向图，它的两个平面可分为垂直面方向图和水平面方向图；按照采用坐标系的不同，方向图可分为直角坐标方向图、极坐标方向图和球坐标方向图；按照不同的对象，方向图可分为场强方向图、功率方向图、相位方向图和极化方向图。通常情况下，工程上涉及较多的为场强方向图和功率方向图，相位方向图和极化方向图在特殊应用中采用，例如在天线近场测量中，既需要测量天线的场强方向图得出场强信息，又需要测量天线的相位信息获得天线相位的变化。

一般情况下，方向图的绘制可以通过两种方式，一是由理论分析得到天线远区辐射场，得到方向图函数，由此计算并绘制方向图；一是通过实验测得天线的方向图数据并绘制方向图。

方向图一般呈花瓣状，称为波瓣或波束。其中包含最大辐射方向的波瓣称为主瓣，其他的称为副瓣或旁瓣，并分为第一副瓣、第二副瓣等，与主瓣方向相反的波束称为后瓣。方向图中还包含了天线的各种参数如下。

（1）半功率波瓣宽度（half power beamwidth，HPBW）、3dB 波瓣宽度：在包含主瓣的平面内，辐射功率是最大值的一半（场强降低 3dB）的两个方向间的夹角。

（2）主瓣宽度：是衡量天线的最大辐射区域的尖锐程度的物理量。通常取天线方向图主瓣两个半功率点之间的宽度。

（3）第一零点波瓣宽度（first nulls beamwidth，FNBW）：在包含主瓣的平面内主瓣两侧第一零点间的夹角。

（4）旁瓣电平：是指离主瓣最近且电平最高的第一旁瓣的电平，一般以 dB 为单位。

（5）前后比：是指最大辐射方向（前向）电平与其相反方向（后向）电平之比，通常以 dB 为单位。

2.5.7　天线极化

极化，一般是指在给定方向上天线辐射电磁波的电场的矢量方向。一般天线辐射的电磁波在远场区都是横电磁波，其电场、磁场矢量都位于与传播方向相垂直的横平面内。通常定义沿着电磁波传播方向的电场矢量方向为天线辐射波的极化方向。

　　按照瞬时电场矢量的端点轨迹，极化分为线极化、圆极化和椭圆极化，极化波示意如图 2-33 所示。若电场矢量端点的轨迹为直线，则称为线极化。若电场矢量端点随时间变化的轨迹分别为圆或椭圆，则为圆极化或椭圆极化。按照右手螺旋法则，若旋向轨迹与电磁波的传播方向符合右手螺旋关系，则为右旋圆极化或右旋椭圆极化波。反之，则是左旋圆极化和左旋椭圆极化波。

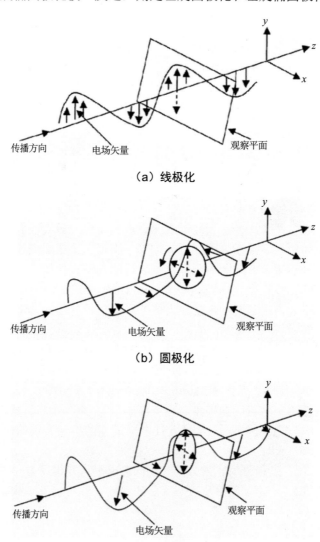

（a）线极化

（b）圆极化

（c）椭圆极化

图 2-33　极化波示意

在不同的极化天线之间传播能量，会有功率损失，用极化效率衡量功率损失。例如，北斗的卫星信号由圆极化天线发射，移动终端采用线极化天线接收，存在 3dB 的能量损失。移动终端天线通常是线极化天线，所以设计移动终端天线时，不考虑极化的问题。

轴比定义为椭圆极化波的长轴与短轴之比，用 R 表示。用分贝表示的轴比 AR 与 R 的关系为

$$AR = 20\lg R \tag{2-15}$$

极化效率定义为天线实际接收的从给定的任意极化平面波的功率与相同天线收到相同功率流密度和传播方向的平面波的功率之比。

在包含参考极化椭圆的平面内，与参考极化正交的极化电场称为交叉极化，与参考源的场分量平行的场分量称为主极化场。交叉极化定义为天线给定方向上主极化分量与交叉极化分量功率之比。在工程应用中，常以大地为参考面定义极化，电场矢量平行于地面称为水平极化，电场矢量垂直于地面称为垂直极化。常见的极化方式如图 2-34 所示。在民用移动通信基站天线中，通常使用 ±45° 双极化天线。±45° 双极化天线如图 2-35 所示。

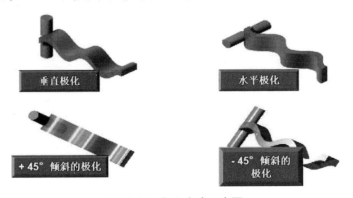

图 2-34　极化方式示意图

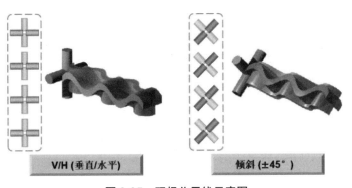

图 2-35　双极化天线示意图

2.5.8 端口隔离度

在多端口网络中，端口隔离度表示信号从一个端口到另一个端口的比例。在早期的移动终端中，由于只有一个天线，没有端口隔离度问题。随着分集接收天线的启用，一个手机上存在两个或两个以上同频段、同时工作的天线，这个指标变得重要起来。如果端口隔离度做得不好，不仅影响天线效率，也会影响 MIMO 系统的工作效果。影响端口隔离度的主有因素有：工作频率、天线之间的距离和天线的摆放位置。频率越低，天线之间的距离（电尺寸）越小，端口隔离度越难提高。通常希望端口隔离度小于−15dB。

2.5.9 包络相关系数

天线分集是确保 MIMO 通信中不相关信道的关键。在一个多天线组成的系统中，由于天线之间的辐射方向存在差异，包络相关系数（envelope correlation coefficient，ECC）用于评估天线之间在辐射模式和极化方面的独立性。它是 MIMO 系统中评价天线性能的重要参数，ECC 反映了系统 MIMO 空间复用能力，ECC 越好，空间复用能力越高。5G 提升速率的重要手段之一就是利用多天线系统，因此天线之间的 ECC 是 5G 天线设计的重要指标。

ECC 的取值范围为 0～1，0 表示两个辐射方向完全相异的天线，1 表示两个辐射方向完全相同的天线。通常要求 ECC 小于 0.5，但实际设计中，低频有一定的困难，通常以 0.75 为目标，中、高频段可以达到 0.5 以下。ECC 的值可以通过仿真或者测量得到。

2.5.10 等效全向辐射功率

在进行移动终端天线设计过程中,首先考虑的是终端天线本身的参数信息。前 9 节所介绍的均为天线无源参数，只反映天线本身的性能优劣。如果要判断结合终端本身的性能好坏，需要将收发电路特性一起考虑。这就需要采用有源参数。

等效全向辐射功率,也称等效各向同性辐射功率（effective isotropic radiated power，EIRP）。在天线测试中，在某个测试方向（对于固定的 θ 和 φ）上得到的辐射功率称为等效全向辐射功率。通常，对于天线辐射方向图测试，如果给出单一的等效全向辐射功率的值（用 $EIRP$ 表示），则默认为所有测试角上 $EIRP$ 的最大值。$EIRP$ 也被认为是要达到与待测天线测试值相同的辐射功率，即理想各向同性天线需要的辐射功率。

例如，对任意天线的辐射功率进行测试。假设其峰值功率出现在 $\theta=\varphi=90°$ 处，功率为 $EIRP=20$dBm。那么，辐射功率为 20dBm 的各向同性天线将在上述峰值角处产生与待测天线相同的辐射功率。

$EIRP$ 与发射机发射功率（P）、天线增益（G）的关系为

$$EIRP = PG \tag{2-16}$$

如果用 dB 计算，则

$$EIRP(\mathrm{dBW}) = P(\mathrm{dBW}) + G(\mathrm{dBW}) \tag{2-17}$$

从式（2-16）和式（2-17）可知，$EIRP$ 表示了发送功率和天线增益的联合效果。

一般而言，峰值等效全向辐射功率并不是衡量无线通信终端性能的良好指标。例如，如果被测无线通信终端的天线系统辐射方向图具有很强的方向性，将在特定方向产生较高的峰值等效全向辐射功率（因为天线增益在一个方向上很高），同时其他方向的覆盖性能将很差。在实际蜂窝网络中，通常期望天线系统具有较好的空间覆盖性能，这样用户就不必将天线指向一个特定的方向以获得良好的通信性能。此外，在实际通话过程中头和手的存在将改变待测无线通信终端辐射方向图的形状和峰值，头和手引入的损耗可能因频率、设备尺寸和天线设计的不同而显著不同。从辐射性能的角度来看，测量头部和手部模型上的平均等效全向辐射功率比测量自由空间条件下的峰值等效全向辐射功率更有意义。

2.5.11　等效全向灵敏度

灵敏度是衡量接收机性能的重要指标之一，它是在满足特定误码率/误比特率的条件下，接收机能收到的最小信号功率。灵敏度分为传导灵敏度及无线灵敏度。前者通常通过射频线缆与手机电路板上的天线端口连接器相连接，后者通过测量天线与手机无线连接。

等效全向灵敏度（effective isotropic sensitivity，EIS）是在天线测试中，沿某个测试方向（即对于固定的 θ 和 φ）得到的辐射灵敏度。通常，对于天线系统（包括天线、传输线、接收机、相关电子设备）的灵敏度测试，如果给出单一等效全向灵敏度的值（用 EIS 表示），则默认为所有测试角上 EIS 的最小值。

对于使用各向同性天线的无线通信系统，其等效全向灵敏度测试值将与总全向灵敏度（total isotropic sensitivity，TIS）完全相同。

对于手机而言，接收机性能或等效全向灵敏度对整个系统性能的重要性不亚于发射机性能。接收机性能差将导致用户的语音质量下降，严重的还将导致掉话。导致单信道或少量信道灵敏度性能较差的一个常见原因是接收机带内噪

声，设备内其他电子部件的辐射，以及来自发射机本身的杂散信号。因此，对于手机类无线通信终端设备，通常将其设定在以最大功率发射状态，测量其在整个辐射球面上的平均灵敏度。

2.5.12 总辐射功率及总全向灵敏度

通常情况下，评判终端整机性能会采用两个参数衡量无线通信系统整体的性能，即总辐射功率（total radiated power，TRP）和总全向灵敏度，这两个参数是移动终端天线领域最重要的参数，移动终端厂商、运营商以及某些强制认证，对这两个参数都有明确的要求。

总辐射功率通过控制待测无线通信终端的位置，在三维空间测量各点的等效全向辐射功率，并通过积分计算球面上的平均值。该参数由手机在传导情况下的发射功率和天线效率决定，反映了手机整机的发射功率情况。通常情况下，总辐射功率越大，则辐射功率越大，同时比吸收率（specific absorption rate，SAR）越高。一般情况下，总辐射功率反映的是天线的远场辐射性能，而比吸收率反映的是天线的近场辐射性能。对于 OTA 测试中的总辐射功率指标，一般是希望总辐射功率比较大，这样从功率放大器进入天线的功率才被有效辐射，无线接口的连接性才比较好。在比吸收率测试中，则希望比吸收率值比较小，这样被人脑吸收的功率才比较小。由此可见，总辐射功率与比吸收率是一对相互矛盾的指标。因此，一定要制定合理的总辐射功率值。根据天线效率和传导辐射功率，可以计算得到总辐射功率。典型的总辐射功率测试结果如图 2-36 和图 2-37 所示。

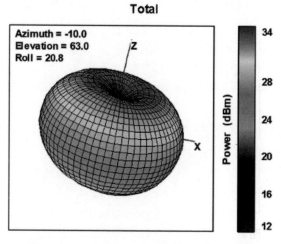

图 2-36   GSM 900 FS 总辐射功率测试结果

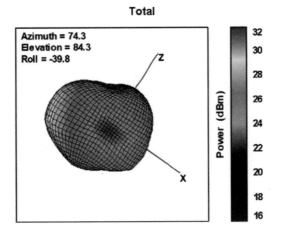

图 2-37　DCS 1800 FS 总辐射功率测试结果

对于总辐射功率，如果某个频段传导功率（$P_{传导}$）为 25dBm，天线的效率为−5dB，则由下式可得总辐射功率（用 TRP 表示）

$$TRP = P_{传导} + E_{\text{efficiency}} = 25 + (-5) = 20\text{dBm} \qquad (2\text{-}18)$$

总全向灵敏度通过控制待测无线通信终端的位置，在三维空间测量各点的空间等效接收灵敏度，并通过积分计算球面上的平均值。总全向灵敏度由天线、接收机模块和进行测量的噪声环境共同决定。噪声环境包括环境噪声（热噪声）和相关电子设备自身产生的噪声。总全向灵敏度反映了手机整机的接收灵敏度情况。由手机的传导灵敏度和天线效率，能够计算得到总全向灵敏度。典型的总全向灵敏度测试结果如图 2-38 和图 2-39 所示。

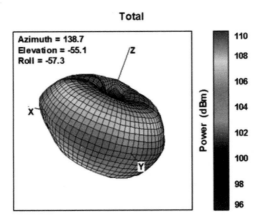

图 2-38　GSM 900 FS 总全向灵敏度测试结果

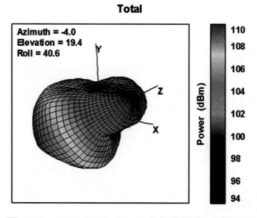

图 2-39　DCS 1800 FS 总全向灵敏度测试结果

对于总全向灵敏度，如果某个频段传导灵敏度 $S_{传导}$ 为−100dBm，天线效率为−5dB，则总全向灵敏度（用 TIS 表示）为

$$TIS = S_{传导} - E_{\text{efficiency}} = -100 - (-5) = -95\text{dBm} \tag{2-19}$$

实际应用中，通常采用在三维微波暗室中直接测量等效全向辐射功率 $EIRP$ 及等效全向灵敏度 EIS，并通过积分公式得到期望的 TRP 和 TIS 的方法，称为空中接口（OTA）测试。其测试方法为：把待测移动终端放置在暗室的转台中心位置，通过通信天线（$EIRP$ 测试）及测量天线（EIS 测试），使待测移动终端与综合测试仪（模拟基站）之间建立无线通信连接。依次调整被测设备的位置，测量在整个三维空间中每一个空间位置处（θ 和 φ）不同极化方向（θ 极化及 φ 极化）的电场强度，然后通过累积求和，获得最终的结果。在具体实施中，通过将连续球面进行网格离散化，用一定数量的网格点近似整个球面，其定义为

$$TRP \approx \frac{\pi}{2NM} \sum_{i=1}^{N-1} \sum_{j=0}^{M-1} \left[EIRP_{\theta}(\theta_i, \theta_j) + EIRP_{\varphi}(\theta_i, \varphi_j) \right] \sin\theta_i \tag{2-20}$$

$$TIS \approx \frac{2NM}{\pi \sum_{i=1}^{N-1} \sum_{j=0}^{M-1} \left[\dfrac{1}{EIS_{\theta}(\theta_i, \theta_j)} + \dfrac{1}{EIS_{\varphi}(\theta_i, \theta_j)} \right] \sin\theta_i} \tag{2-21}$$

式中：$EIRP$ 和 EIS 分别代表某个网格点 θ 和 φ 极化的测量值。

在测试过程中，要求待测无线通信终端配置于最大功率发射状态。此外，对于 6GHz 以下频段终端，对于总辐射功率 TRP 和总全向灵敏度 TIS 测试，当前标准规定分别采用15°及30°的均匀测试网格。

第 3 章

5G 终端天线测试系统

在第 2 章中，我们对移动终端天线设计、类型、性能参数等相关内容进行了介绍，使读者对移动终端天线有了整体的认识。在生活中，移动终端天线通常是以终端整机的形式出现的。要评判移动终端整体性能，需要将其置于终端天线测试系统中。测试中需要的仪器仪表、测试环境是测试人员关心的问题之一。本章将系统地介绍 5G 移动终端基础测试仪器仪表、测试环境及测试方法。

3.1　基础测试仪器仪表

基础测试仪器仪表是 5G 终端测试的必备工具，也是 5G 终端预研、研发、生产、认证、测试等环节都需要的设备。

5G 终端测试用到的仪器仪表种类繁多，其中基础测试仪器仪表可以分为 5G 矢量信号源、矢量网络分析仪、5G 系统模拟器/无线通信综合测试仪（以下简称综测仪）、5G 无线信道仿真器、频谱分析仪和功率计，下面分别介绍。

3.1.1　5G 矢量信号源

顾名思义，5G 矢量信号源的作用就是生成 5G 矢量信号，产生用于终端测试所需的有用信号或者干扰信号，它是无线测量和测试中非常关键的仪表之一。

在 5G 终端测试中，要求 5G 矢量信号源能生成符合 3GPP 标准要求的信号格式，要求仪表支持高频，具有大带宽、大动态范围、良好的射频性能，且 5G 信号质量优异。

高端的 5G 矢量信号源，往往具有基带衰落功能，可以替代部分信道仿真器。如图 3-1 所示为 5G 矢量信号源示例。

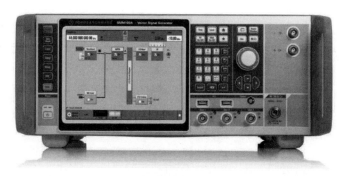

图 3-1 5G 矢量信号源示例

3.1.2 矢量网络分析仪

矢量网络分析仪是一种电磁波能量测试设备，也是连续波扫描信号的自发自收测试系统，广泛应用于利用连续波信号进行测量的场景。从微波网络的角度来看，它是利用连续波测量网络 S 参数的仪器，它既能测量单端口网络或两端口网络的各种参数，又能测量相位。矢量网络分析仪能用史密斯圆图显示测试数据。

矢量网络分析仪功能很多，被称为"仪器之王"，是射频微波领域的万用表。在 5G OTA 测试中，可用来进行方向图测试、$EIRP$ 和 TRP 测试。如图 3-2 所示为矢量网络分析仪示例。

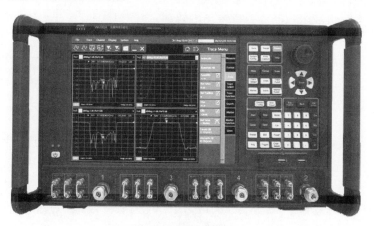

图 3-2 矢量网络分析仪示例

3.1.3 5G 系统模拟器/综测仪

5G 系统模拟器/综测仪是 5G 终端测试中具有综合测试功能的核心仪表。在实际产品中，5G 综测仪往往和 5G 系统模拟器是同一个硬件平台。5G 综测仪通常是由参考晶体振荡器、射频信号发生器、数字调制信号发生器、射频功率分析仪、数字分析仪、音频信号发生器、音频分析仪和频谱分析仪等功能模块构成的综合测试仪器。

5G 系统模拟器/综测仪可以分为非信令模式和信令模式两种。非信令模式一般用于生产线测试。在认证测试、一致性中，一般需要采用信令模式。

5G 系统模拟器/综测仪用于模拟 5G 核心网和无线网，即用来模拟系统，与被测设备建立通信链路。5G 系统模拟器/综测仪要求能够模拟符合 3GPP NR 要求的网络，具有完整的协议栈和协议软件，参数可灵活配置，并与不同的芯片平台具有良好的兼容性。如果其具有综测功能，要求可以完成基本业务、基本射频指标的测试。

高端的 5G 系统模拟器/综测仪一般具有内部基带衰落功能，可以替代部分信道仿真器的功能。

5G 系统模拟器/综测仪能够支持的频率范围有限，通常不支持高频。如果需要测试高频，需要外部增加混频器配合使用。如图 3-3 所示为 5G 系统模拟器/综测仪示例。

图 3-3　5G 系统模拟器/综测仪示例

3.1.4　5G 无线信道仿真器

无线信道特性对无线信号传输起到至关重要的作用。信号通过不同的信道产生不同的失真和畸变。收发系统之间的传播路径非常复杂，视距、衰落、多径和随机变化是无线信道的基本特征。但在实际工程领域，要获得某个移动终端在不同的无线信道中的性能特性，就需要将终端置于无线信道模拟环境中进行测试。

5G 无线信道仿真器广泛应用于 5G 终端的射频测试、性能测试、OTA 测试、场景化测试中，以在实验条件下模拟无线信道环境。在 5G 终端测试中，用于对上行或者下行信号加载信道环境。

5G 无线信道仿真器的实现有两种方案——基带衰落方案和射频衰落方案。这两种方案各有优缺点。由于衰落模拟是模拟射频信号在无线信道传播时的衰落情况，因而射频衰落对于衰落模拟测试更为科学。但是因为衰落模拟主要在数字域实现，所以在射频实现衰落模拟需要很高的采样率和高速的数字信号处理阵列进行数据处理，在实现上具有非常高的难度。而对于基带衰落模拟，不但可以实现和射频衰落同样的准确度和性能，同时由于相比射频衰落，减少了两个变频器可以降低系统中的噪声和杂散，带来更好的信号质量。

在 5G 终端测试中，要求 5G 信道仿真器支持测试所需的 MIMO 配置、标准要求的信道模型，以及支持大带宽、具有良好的射频性能。

5G 信道仿真器一般支持有限的频率范围，通常不支持高频，如果需要测试高频，需要外部增加混频器配合使用。如图 3-4 所示为 5G 无线信道仿真器示例。

图 3-4　5G 无线信道仿真器示例

3.1.5　频谱分析仪

频谱分析仪是用于观察信号的基本工具，是无线通信系统测试中使用最频繁的仪表之一。频谱分析仪通常用于进行频域信号的检测。其频率覆盖范围可从 1Hz 到 85GHz 甚至更高。

频谱分析仪用于几乎所有的无线通信测试中。随着通信系统的发展，测试对频谱分析仪测量性能要求不断提高，目前新型的频谱分析仪在显示平均噪声电平、动态范围、测试速度等方面有了很大提高。一些最新型号的频谱分析仪除了可以进行频域的测量之外，还能进行时域的测量。如图 3-5 所示为频谱分析仪示例。

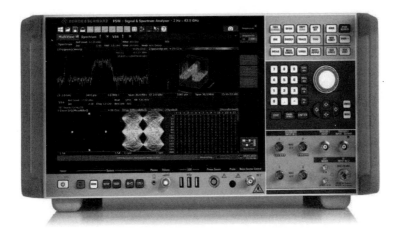

图 3-5　频谱分析仪示例

3.1.6　功率计

在直流和低频时，功率测量可以通过对电流和电压的测量来完成。但是当信号的频率高于几十兆赫甚至是上百吉赫时，工作波长已经与测量装置的尺寸相近，电压和电流随着传输线的位置而变化，因此电流和电压就不再适合直接测量。微波功率是描述信号大小和信号通过电子系统或传输线时能量传输特性的量，它是电子计量中最重要的参量之一。

在 5G 终端测试中，5G 频段电磁波均属于微波，因此，在对 5G 终端天线性能测试时，对测试环境的功率验证就需要功率计。测量微波功率最常用的是测热的方法，即把微波功率转换为热能，然后用测热的方法对功率进行测量。常见的测热式功率测量仪器有量热式功率计、热敏式功率计、热电偶式功率计。此外，还有用其他物理效应进行功率测量的功率计，如二极管检波功率计。功率计示例如图 3-6 所示。

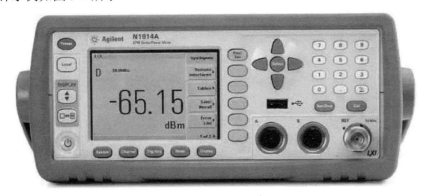

图 3-6　功率计示例

3.2　测　试　环　境

有了基础测试仪器仪表，要实现天线性能测试，还需要搭建满足天线性能测试的测试环境。在本节中，将从天线测试环境发展及 5G 毫米波 OTA 测试方案两个方面，对天线的测试环境进行全面介绍。

3.2.1　天线测试环境发展

1864 年，英国数学家詹姆斯·克拉科·麦克斯韦通过数学推导，预言了电磁波的存在，并建立了著名的麦克斯韦方程。1887 年，德国物理学家海因里希·赫兹采用终端加载偶极子作为发射天线，半波谐振环作为接收天线，在实验中发现了电磁波，证实了麦克斯韦的预言。赫兹采用的偶极子天线和环天线成为人类历史上第一副实验室天线。1901 年，马可尼第一次利用方锥天线完成了跨大西洋无线电通信实验，从此揭开了天线发展的序幕，也开启了人们探索天线参数精确测量方法的开端。

根据空间电磁场不同的特性，以离开天线的距离大小为限定，空间电磁场被划分成三个不同的区域，如图 3-7 所示。

（1）感应近场区（Rayleigh zone，瑞利区）。

（2）辐射近场区（Fresnel zone，菲涅尔区）。

（3）辐射远场区（Fraunhofer zone，夫琅禾费区）。

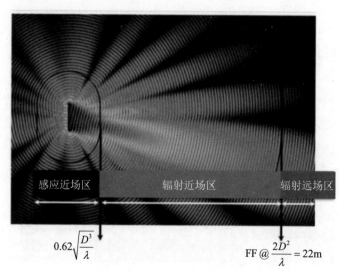

图 3-7　天线空间电磁场区域划分示意图

其中，D 为天线孔径的最大线尺寸，λ 为测量波长。虽然三个不同区域的电磁场具有不同的特性，但是在场区与场区的交界处，电磁场的结构没有发生突变。

三个区域中最靠近天线的区域是感应近场区，感应近场区又称为电抗近场区。在感应近场区内，由于电抗场占绝对优势，该区域实际是一个储能场，其中的电场与磁场的转换类似于变压器中的电场、磁场之间的转换。在感应近场区中，电场和磁场具有 90° 的时间相位差，在某一时刻电场最大时磁场最小，磁场最大时电场最小。所以电磁场的能量具有震荡性，不产生辐射。

介于感应近场区和辐射远场区之间的是辐射近场区。在辐射近场区内，与距离的一次方、平方、立方成反比的场分量都占据一定的比例，场的角分布（天线方向图）和离天线的距离密切相关，换句话说，就是在不同的距离计算的天线方向图是不同的。此时，在辐射近场区中的电磁场已经脱离了天线的束缚，辐射场开始占据优势，开始向外辐射能量，但仍然存在交叉极化的电场分量，使得在平行于传播方向的平面的合成电场为椭圆极化波。

辐射近场区之外是辐射远场区，它是天线实际使用的区域。辐射远场区的特点如下。

（1）场的大小与离开天线的距离成反比。

（2）场的相对角分布与离开天线的距离无关。

（3）方向图的主瓣、旁瓣与零值点已经全部形成。

辐射远场区是进行天线测试的理想测试环境，天线辐射特性所包括的各项参数的测量均需在辐射远场区中进行。

天线测试方法可分为远场测试和近场测试两种。远场测试包括传统意义上的室外远场测试、室内远场测试和紧缩场测试，紧缩场测试又分为反射面紧缩场、透镜紧缩场和全息紧缩场测试。近场测试根据近场扫描面选取的不同分为平面近场测试、柱面近场测试及球面近场测试，如图 3-8 所示。

天线测试领域最早出现的测试场地是室外远场。为避免地面反射波的影响，通常把收发天线架设在水泥塔、相邻高大建筑物或山顶，此时待测天

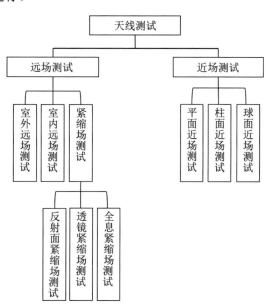

图 3-8　天线测试方法分类

线在方位或俯仰面上旋转采集数据，可以直接测试得到天线的远场方向图特性。室外远场的主要优点是经典远场条件容易得到满足，保证了测试精度；测试结果对于天线相位中心的位置变化不太敏感，因而旋转待测天线并不会导致明显的测试误差；待测天线和发射天线之间的耦合及多次反射可以忽略。室外远场的主要缺点是无屏蔽，容易受到外界电磁信号的干扰；受天气影响大，不能全天候测量；保密性差。如图 3-9 所示为美国国家级室外远场测试场——NRTF/RATSCAT。

图 3-9　美国国家级室外远场测试场——NRTF/RATSCAT

20 世纪 50 年代初，微波暗室技术出现，1953 年，美国麻省理工学院采用吸波材料降低室内背景反射电平，建立了世界上第一个微波暗室，用以进行精确的天线参数测试。随着微波暗室技术的发展，20 世纪 70~80 年代，自动化天线测试技术和微波暗室被业界广泛使用，天线测试逐步从室外转移到室内远场进行。相对于室外远场，室内远场具有全天候测试、保密性好、抗电磁干扰等众多优势。然而，不论室外远场还是室内远场，都必须满足天线远场距离的要求。如图 3-10 所示为远场距离与测试频率以及待测天线尺寸之间的关系。由图可见，随着待测天线尺寸的增大，测试频率的升高，天线远场距离提高，这将同时提高暗室的建造与运营成本。受制于室内空间和建设成本，通常室内远场可测试的天线口径较小。

20 世纪 80 年代以来，特别是以 1983 年第一代蜂窝移动通信系统——高级移动电话系统在美国芝加哥商用为标志，移动通信进入快速发展时期，天线测试的需求大幅增长，各种技术手段不断完善，紧缩场、平面扫描近场、柱面扫描近场、球面扫描近场、多探头近场等技术得到广泛应用。天线测试方法随着理论的发展和技术的进步，由室外向室内、远场向近场、单一参数向多种参数不断丰富完善。近些来年，MIMO 技术、毫米波技术、太赫兹技术的发展，对天线测试技术提出了新的挑战。

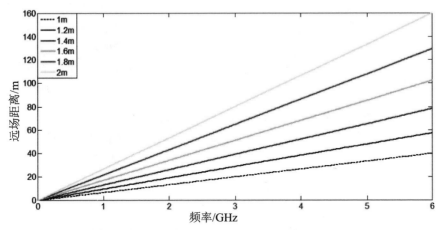

图 3-10　远场距离与测试频率以及待测天线尺寸之间的关系
（远场暗室长度还需增加 1.5 倍）

　　紧缩场测试是室内远场测试的另一种方式。紧缩场测试的原理是在有限的测试距离上，通过反射面、透镜或其他手段，将源发射的球面波转化为准平面波（一般要求幅度抖动≤1.0dB，相位抖动≤10°）照射到待测天线上进行测试，从而在等效远场的测试环境显著减小测试距离。系统中准平面波照射的区域称为静区。图 3-11 展示了采用反射面实现球面波到准平面波转换的紧缩场原理。

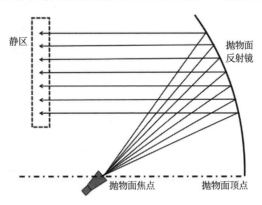

图 3-11　采用反射面的紧缩场原理示意图

　　图 3-12 为紧缩场的设计概念图。紧缩场具备室内测试优点，可在较小的场地内得到准平面波，测试结果具有实时和高速的特点，但是紧缩场暗室造价高，技术难度大，对反射面的机械加工精度要求极高。图 3-13 和图 3-14 所示分别为德国 ASTRIUM 公司的 CCR75/60 双反射面紧缩场以及芬兰毫米波实验室的 650GHz 全息紧缩场。

图 3-12 紧缩场设计概念图

图 3-13 德国 ASTRIUM 公司的 CCR75/60 双反射面紧缩场

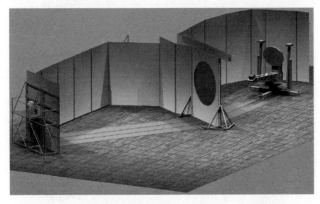

图 3-14 芬兰毫米波实验室的 650GHz 全息紧缩场

近场测试指的是在近场采集天线辐射场的幅值和相位，通过近远场变换算法求得天线远场特性的测试方法。相比于室内远场和紧缩场，由于近场测试克服了有限距离效应，不需要满足远场条件从而节约测试场地，不会引入因距离带来的误差，可减小随机误差，在三维方向图测试、测试效率、口径场幅相探测方面具有一定优势。近场测试一直是天线测量领域研究的重点课题。根据选择的采样面的不同，近场测试可分为平面近场、柱面近场、球面近场测试三种类型，对应三种扫描方案如图 3-15 所示。根据采用探头数量的不同，近场测试可分为单探头近场测试和多探头近场测试两种类型。图 3-16 和图 3-17 分别为平面近场测试系统及法国 SATIMO 公司 SG128 多探头球面近场测试系统。

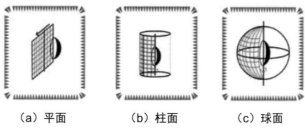

（a）平面　　　　　（b）柱面　　　　　（c）球面

图 3-15　三种近场测试扫描方案

图 3-16　平面近场测试系统

图 3-17　SATIMO 公司 SG128 多探头球面近场测试系统

3.2.2　5G 毫米波 OTA 测试方案

在传统 LTE 测试中，业界通常采用传导的方式测试终端的射频（radio frequency，RF）、无线资源管理（radio resource management，RRM）、调制与解调等所有指标，通过射频线缆连接被测设备与仪表。这种情况既没有考虑天线性能的影响，也没有考虑终端的自干扰特性，测试场景与真实的用户体验差别较大。随着移动通信网络的发展，为了容纳更多用户、获得更高带宽、实现更高的数据率，5G 启用了更高的频率。随着 5G 频谱向毫米波频段拓展，工作在 6GHz 以上频段的 5G 终端将具有高度集成的特性。这种高度集成的结构可能包含创新的射频前端解决方案、多元天线阵列、有源或无源馈电网络等，这就意味着该 5G 终端不再保留射频测试端口，因此传统的传导测试方法对于 5G 毫米波终端将不再适用，5G 毫米波终端的全部性能指标需要在 OTA 环境进行测试。因此，OTA 测试方案是 5G 毫米波的研究重点。

1．测试方案

OTA 测试能够表现被测设备的整机辐射性能，根据测试天线到被测设备距离的远近，OTA 测试有近场测试和远场测试之分。由于在近场天线测试中，多径效应和外界干扰等因素会使测试结果产生误差，因此，OTA 测试的理想测试环境是真实的远场测试环境，这种环境可以通过几种方法近似实现。目前，国际首个 5G 终端测试标准 3GPP TR38.810 随 R15 系列标准正式发布，其中射频部分定义了三种测试方案，包括直接远场法、紧缩场法（包括间接远场法、平面波变换法）与近远场转换法。

1）直接远场法

直接远场法的原理是用已知特性参数的平面波照射被测设备，这样就能获得被测天线的接收特性参数，由于天线具有互易性，进而可以得到天线的传播特性参数。此处天线的互易性是指天线在被用作发射天线和接收天线时的参数保持一致。

然而在实际应用中，理想的平面波并不存在。所以实际测试时，测试系统把一个已知特性的发射天线放置在远处向待测天线照射，球面波经过一定距离的传播后到达待测天线，当波前阵面扩展到一定程度时，可近似认为待测天线接收的是平面波的照射。

采用直接远场法的关键是需要满足夫琅禾费（远场）距离（Fraunhofer distance，FHD）。D 为包围被测设备辐射部分的最小球体的直径，λ 为波长。考虑到远场测试条件应满足待测天线接收平面上的最大相位差不超过 22.5°，因此，通常情况下，待测天线与测试天线的最小距离应不小于 $2D^2/\lambda$，如图 3-18 所示。

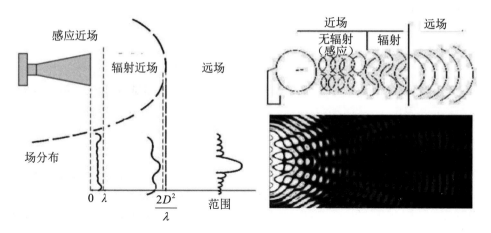

图 3-18　远场测试距离示意图

在 5G 毫米波频段，采用直接远场法测试终端射频特性时，可通过通信天线进行波束扫描控制，通过测试天线实现波束测量，如图 3-19 所示。

此外，直接远场测试系统可通过合并测试天线与通信天线的方式进行简化，采用单个天线实现波束扫描与终端射频性能的测试，如图 3-20 所示。

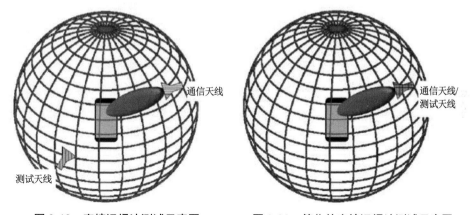

图 3-19　直接远场法测试示意图　　　图 3-20　简化的直接远场法测试示意图

在采用直接远场法进行 5G 终端 OTA 测试时，需要考虑天线尺寸、测试频率等因素对测试系统性能的影响，因此采用直接远场法测试时需要制造商声明被测设备天线阵列的尺寸信息，明确被测设备的辐射口径是否满足标准要求（见 3GPP TS38.810 的 5.2.1.1 小节）。直接远场测试环境适用于等效全向辐射功率、等效全向灵敏度、误差矢量幅度（error vector magnitude，EVM）、杂散辐射和阻塞等指标的测试，国际标准 3GPP 38.810 基于被测设备辐射口径 $D=5cm$ 的条件对 EIRP/TIRP/EIS 进行了测试不确定度分析，总全向辐射功率（total isotropic radiated power，TIRP）等效全向辐射功率不确定度为 6.2dB，*TIRP* 不确定度 5.37dB，*EIS* 不确定度则高达 6.66dB。未来，倘若测试系统不确定度能得到进一步优化，直接远场暗室能够适用的被测设备辐射口径尺寸有望相应增大。

直接远场暗室的核心设置包括但不限于下列几项。

（1）全电波暗室中的远场测试系统（远场距离的定义标准如表 3-1 所示）。

表 3-1 不同频率及天线尺寸下的传统远场暗室的近/远场边界距离

D/cm	频率/GHz	近/远场边界 y/cm	路径损耗/dB	频率/GHz	近/远场边界 y/cm	路径损耗/dB
5	28	47	54.8	100	167	76.9
10	28	187	66.8	100	667	88.9
15	28	420	73.9	100	1501	96
20	28	747	78.9	100	2668	101
25	28	1167	82.7	100	4169	105
30	28	1681	85.9	100	6004	108

（2）用于测试天线的定位系统：保证双极化测试天线与被测设备之间的角至少具有两个轴的自由度并保持极化参考。

（3）用于连接天线的定位系统：保证连接天线与被测设备之间的角至少具有两个轴的自由度并保持极化参考。该定位系统是测试天线定位系统的补充，并提供了可独立于测试天线控制的角度关系。

（4）对于具有 1 个 UL 配置的非独立组网（non-stand alone，NSA）模式下测量 UE RF 特性的系统，使用 LTE 连接天线为被测设备提供 LTE 连接。

（5）LTE 连接天线提供稳定的 LTE 信号，不具备准确的链路损耗或极化控制。

（6）对于具有 FR1 与 FR2 带间 NR CA 测量的系统，测试配置为被测设备提供 NR FR1 连接。NR FR1 连接提供稳定的无噪声信号，不具备准确的链路损耗或极化控制。

2）间接远场法

间接远场（indirect far field，IFF）法的典型方案是紧缩场法。如前所述，远场天线测量的条件是使测试天线到被测设备（device under test，DUT）的最小距离大于 $2D^2/\lambda$ 这个临界值，这一距离将随着天线运行频率的上升而不断增大，从而显著增加测试空间与测试成本。为了解决这一问题，业内专家提出了基于紧缩场的空口测量方案。

在 5G 毫米波频段，采用间接远场法测试 UE 性能的方案如图 3-21 所示。

在采用间接远场法进行 5G 终端 OTA 测试时，测试区域是直径为 d、高度为 h 的圆柱体，测试过程中被测设备需始终处于测试区域内。该测试环境适用于等效全向辐射功率、总全向辐射功率、等效全向灵敏度、误差矢量幅度、杂散辐射和阻塞指标，不需要终端制造商提供任何被测设备的天线信息。

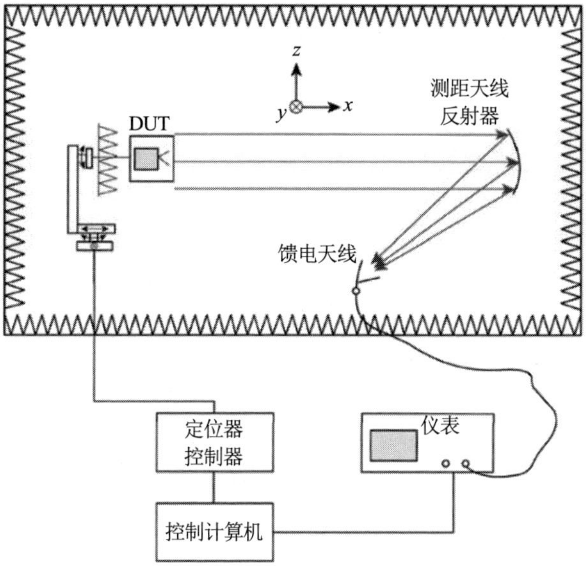

图 3-21　间接远场法（紧缩场法）测试示意图

间接远场暗室的核心设置包括但不限于以下几项。

（1）采用紧凑型天线测试距离的间接远场暗室，需要的静区直径至少为 D，保证被测设备在测试过程中始终处于测试区域内。

（2）用于测量天线的定位系统，保证双极化测量天线与被测设备之间的角至少具有两个轴的自由度并保持极化参考。

（3）在执行 UE 波束锁定功能之前，测试天线作为连接天线保持相对于被测设备的极化参考。一旦锁定波束，该链路转由连接天线向被测设备提供稳定的信号。

（4）对于具有一个 UL 配置的非独立组网模式下测量 UE RF 特性的系统，使用 LTE 连接天线为被测设备提供 LTE 连接。

（5）LTE 连接天线提供稳定的 LTE 信号，不具备准确的链路损耗或极化控制。

（6）对于具有 FR1 与 FR2 带间 NR CA 测试的系统，测试配置为被测设备提供 NR FR1 连接。NR FR1 连接提供稳定的无噪声信号，不具备准确的链路损耗或极化控制。

3）平面波变换法

平面波变换法与紧缩场法类似，都属于间接远场。与紧缩场法采用馈源和反射面在测试静区形成平面波所不同的是，平面波变换法使用的是平面波转换器（plane wave converter，PWC），它采用特殊的一维探针天线产生平面波。

这样的好处是可以大大缩减测试距离,测试环境占地面积相对直接远场法小得多,且由于使用了平面波转换器,不需要加工高精度且大面积的抛物反射面,能够节省大量的成本。作为新出现的测试方法,平面波变换法在未来有着广阔的应用前景。图 3-22 为平面波变换法测试环境。

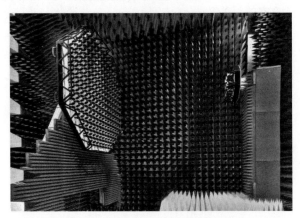

图 3-22　平面波变换法测试示意图

4）近远场转换法

在远场与紧缩场测试环境中,高频信号的衰减很大,导致部分测量指标的测试精度显著下降。对于频率、解调相关的射频指标,近远场转换（near field to far field transform,NFTF）法的测试方案不仅可以保持较高精度,同时可以显著节省空间与成本。

在 5G 毫米波频段,采用近远场转换法测试 UE 性能的方案如图 3-23 所示。

图 3-23　近远场转换法测试示意图

在采用近远场转换法进行 5G 终端 OTA 测试时，针对 *EIRP/TIRP/EIS* 测试的不确定度分析均基于 *D*=5cm 的假设，终端制造商需要提供被测设备天线阵列的尺寸信息，即是否满足标准要求的辐射口径要求。可测试指标包括等效全向辐射功率、总全向辐射功率、杂散辐射和阻塞指标。

近远场转换暗室的核心设置包括但不限于下列几项。

（1）测试被测设备在辐射近场的波束方向图，并计算近场到远场的转换，使得最终得到的等效全向辐射功率等指标与直接远场方案的结果一致。

（2）用于测试天线的定位系统：保证双极化测试天线与被测设备之间的角至少具有两个轴的自由度并保持极化参考。

（3）用于连接天线的定位系统：保证连接天线与被测设备之间的角至少具有两个轴的自由度并保持极化参考。该定位系统是测试天线定位系统的补充，并提供了可独立于测试天线控制的角度关系。

（4）对于具有一个 UL 配置的非独立组网模式测试 UE RF 特性的系统，使用 LTE 连接天线为被测设备提供 LTE 连接。

（5）LTE 连接天线提供稳定的 LTE 信号，不具备准确的链路损耗或极化控制。

（6）对于具有 FR1 与 FR2 带间 NR CA 测试的系统，测试配置为被测设备提供 NR FR1 连接。NR FR1 连接提供稳定的无噪声信号，不具备准确的链路损耗或极化控制。

2．不同测试方法的比较

针对不同的测试场景、测试例，本节分析了直接远场法、紧缩场法与近远场转换法等测试方案各自具有的优缺点，并概要性地总结了三种方法的适用性，如表 3-2 所示。

表 3-2　三种测试方案的优缺点比较

射频测试方法	优　点	缺　点
直接远场法	原理上覆盖所有的测试例 支持多波束测试 OTA 传统测试方法	黑盒测试距离远、损耗大 个别参数接近仪表噪底，需要高性能放大器 动态范围小，系统昂贵
紧缩场法	等效远场，空间占用较小、成本相对较低 无须厂家提供天线信息 链接损耗小，对放大器要求低，易于扩展至高频	无法覆盖多波束或动态波束的测试例 低频反射面尺寸大、高精度反射面制作工艺要求高、价格昂贵 反射面随环境变化影响严重

续表

射频测试方法	优 点	缺 点
近远场转换法	空间占用较小、损耗小，可基于已有暗室升级 可测试基站等大型设备 适用于大尺寸无源天线	需获得相位信息进行近远场转换 接收类指标测试准确性仍待确认 宽带信号非线性相位难准确测试 仅适用于波束锁定条件

1）测试方案的优缺点

远场测试方案是 OTA 测试中的传统方案，可支持多波束的测试，原理上可以覆盖 5G 射频的所有测试需求。然而，在 OTA 环境下，毫米波对应的远场测试距离和高路径损耗，成为终端 OTA 测试的巨大挑战，部分射频指标，如开关功率、带外杂散，需要在接近暗室噪底的环境下测试，而误差矢量幅度等测试指标则需要在高的信噪比环境下测试，这就需要 OTA 测试系统满足高的动态范围，通常要高于 40dB，而毫米波频段的引入无疑增大了实现高动态范围的难度。

在传统的远场暗室的 OTA 测试中，由于 2G、3G 和 4G 通信网络中传输波长较短，因此 3m 以内的测试距离基本满足所有使用频段的远场测试要求。然而，频率越高，OTA 测试的远场测试距离就越大，不同频率与天线尺寸下的近/远场测试距离如表 3-1 所示。从表 3-1 不难看出，当频率为 28GHz 时，尺寸为 15cm 的被测设备远场测试距离将达到 4m 以上，而这一距离将随着频率的提高而进一步增大，从而加大了测试成本。根据 CTIA 的定义，最小测试距离由 $R>2D^2/\lambda$（相位不确定度限值），$R>3D$（幅度不确定度限值）与 $R>3\lambda$（感应近场限值）中最严格的限值决定。当频率较高时，波长随之减小，因此在毫米波频段主要是由 $R>2D^2/\lambda$ 这一项限制了最小测试距离。

通常情况下，由于终端设备具有各自的外壳，因此其内部采用的确切的天线尺寸是未知的。同时辐射口径也受到设计、耦合效应等其他因素的影响，即使对于尺寸较小的被测设备也可能有相当大的远场测试距离。因此，优化测试距离、定义切实可行的远场测试环境具有十分重要的意义。

传统 OTA 测试方案主要采用黑盒测试（见图 3-24），即终端放置在暗室中心，终端厂商并不需要提供天线的具体信息如位置、大小等，测试流程相对简单。但是黑盒测试的缺陷也非常明显，远场测试距离需要按照终端最大截面尺寸计算，这将大大增加测试距离和测试误差。而远场距离过大时不仅使测试系统的成本明显提升，而且对接近系统噪底的射频指标测试提出挑战。

白盒测试则使测试距离大大缩短（见图 3-25），此方法需要制造商在测试前对被测设备信息进行声明，从而可以按照天线尺寸计算所需的远场测试距离而不是按照终端整体尺寸计算，并且可以精确定位天线相位中心位置，减小静区的影响。对于同一个终端，黑盒测试和白盒测试意味着 $D=15\text{cm}$ 或者 $D=5\text{cm}$ 的差别。相应地，远场测试距离可以从 4.2m 缩短到 1m 以内，这将大大降低测试成本与链路损耗。因此，在 5G 终端 OTA 测试的标准化与实际应用中，业界也在积极寻求能够有效降低测试距离的方案。

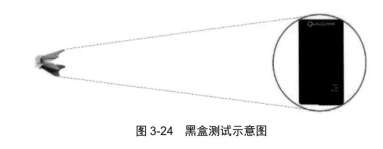

图 3-24　黑盒测试示意图

图 3-25　白盒测试示意图

此外，业界专家提出了一种基于路径损耗的测量方法，以确定远场测试距离。该方法基于近场与远场环境下的路径损耗指数不同，因此通过测量在一定距离下的路径损耗斜率就可以找到近场与远场的分界点。图 3-26 为被测设备在 LTE Band 3 频段下的实验结果，可在回归线的交点处得到最小远场测试距离。

对于尺寸约为 13cm×8cm 的被测设备，按照远场距离规范其最小远场测试距离为 28.7cm，而图 3-26 所示的实验结果显示被测设备的最小远场距离可显著缩小至 14cm 左右。然而，这一实验方法对于各类被测设备和更高的测试频段是否均能适用还需要进一步进行理论研究。

紧缩场测试环境就是基于优化传统远场测试距离提出的测试方案，通过高精度反射面将馈源发出的球面波信号转化为平面波信号，从而构建等效的远场测试环境。由于反射面可为信号提供额外的增益，因此可以降低对毫米波放大器性能的要求。同时，反射后的波束较为集中，可降低对暗室其他方向上吸波材料的性能要求。

紧缩场对反射面的制造工艺提出了很高的要求，其精度受环境变化的影响相对显著。紧缩场暗室的静区范围约为反射面尺寸的一半，因此当被测设备较大时，反射面的制作成本将显著上升。反射面的尺寸还与其他因素有关，例如测试环境需要覆盖的频率,当测试的频率较低时,反射面的尺寸就越大。同时,因为反射面只能模拟波束锁定场景,所以典型的紧缩场法无法覆盖 5G 毫米波的所有测试需求(如波束扫描、多小区切换等)。

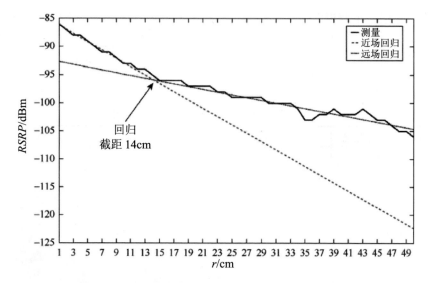

图 3-26 被测设备在 LTE Band 3 频段下的实验结果

近远场转换法同样具有暗室尺寸小、成本低的优点,这种方案可以在已有暗室的基础上进行升级,其核心是需要精确测试幅度和相对相位进行近远场转换。但近远场转换法在相位测试过程中,无法对有源天线的宽带信号进行准确测试,尤其面对相位为非线性分布的情况,采用参考相位的方法几乎无法实现准确的近远场转换,这也是近场测试面临的主要挑战。

同时,由于远场的一个点需要近场扫描整个球面进行换算,转换算法的精度依赖于采样间隔,扫描精度约为波长的一半(5.4mm@28GHz,3.4mm@43GHz)。因此随着频率的提升,近场的扫描时间将急剧增加,从而加大测试时间成本。此外,近场方案无法测试端到端的吞吐量测试。

2)不同测试方案的适用范围

在 3GPP TR38.810 标准中,将 5G 终端分为三种典型的天线配置,并选择 5cm 为典型的分析尺寸开展研究(通常终端毫米波天线远小于这个尺寸)。其中:

第一类天线配置为具有单个天线阵列的结构;

第二类天线配置为具有两个非相干的天线阵列的结构,这是目前讨论的典型 5G 终端天配置;

第三类为单个超大尺寸天线或多个相位相关的天线阵,这是 5G 终端天线配置中较少采用的设计方案,但是仍然是需要考虑的范围。

基于以上三种分类，3GPP 通过分析天线大小为 5cm、频率 43.5GHz、35dB 放大器、15dB 天线增益等诸多特定参数下的多种测试方法不确定度，确定了每种方法（直接远场法、紧缩场法、近远场转换法）的适用范围（见表 3-3），为产业界提供了通用的参考。但是，该适用范围并不是每种测试方法适用性的最终定义，如直接远场法并非无法测试 6cm 或者更大尺寸的毫米波天线。针对每个测试例的具体能力，是否可以使用相应的测试方法是要依据实际测试距离和最终的系统不确定度来决定的。

表 3-3　不同测试方法的适用范围

被测设备天线配置	直接远场法	紧 缩 场 法	近远场转换法
第一类	是	是	是
第二类	是	是	是
第三类	否	是	否

3GPP RAN5 工作组针对每个具体的测试例分析多种测试方法各自的不确定度，明确三种方案对于各项测试指标的适用性。

第 4 章

终端天线测试标准化工作

在第 3 章中,我们对终端天线测试需要的仪器仪表和测试环境进行了介绍,并对比了现有的移动终端测试方法,得出主要的测试方法各自的优势及局限。

具备了测试仪器仪表,搭建了相应的测试环境,就需要进行符合相关标准的移动终端天线测试。终端天线测试的标准化工作就成了重中之重。本章将介绍终端天线标准化相关进展及主要国内外通信标准化组织的标准化进程。

4.1 标准工作的意义

按照国际标准化组织(International Standardization Organization,ISO)的规定,标准是由一个公认的机构制定和批准的文件。它对活动或活动的结果规定了规则、导则或特殊值,供共同和反复使用,以实现在预定领域内最佳秩序的结果。国标 GB/T 20000.1-2014《标准化工作指南 第 1 部分:标准化和相关活动的通用术语》中也对标准进行了定义:通过标准化活动,按照规定的程序经协商一致制定,为各种活动或其结果提供规则、指南或特性,供共同使用和重复使用的一种文件。由此可见,标准的本质是统一,标准的任务是规范。在当今世界,标准化水平已成为各国、各地区核心竞争力的基本要素。标准工作具有重要的战略意义,只有重视标准工作,才能更好地面对瞬息万变的世界格局。标准工作能够支撑国民经济和社会发展,"得标准者得天下"。标准决定着市场的控制权,唯有重视标准工作,制定为大家所认同的标准,才能获得巨大的市场和经济效益并在激烈的国际竞争中立于不败之地。

4.2 标准化工作组织

4.2.1 第三代合作伙伴计划

第三代合作伙伴计划(Third Generation Partnership Project,3GPP)由全球多个电信标准组织伙伴于 1998 年 12 月共同签署,由组织伙伴、市场代表伙伴和个体会员组成。3GPP 标志如图 4-1 所示，其组织伙伴标志如图 4-2 所示，主要组织如下。

（1）中国通信标准化协会（China Communication Standardization Association，CCSA）

（2）欧洲电信标准组织（European Telecommunications Standards Institute，ETSI）

（3）日本无线工业及商贸联合会（Association of Radio Industries and Businesses，ARIB）

（4）日本电信技术委员会（Telecommunication Technology Commission，TTC）

（5）韩国电信技术协会（Telecommunication Technology Association，TTA）

（6）美国电信行业解决方案联盟（Alliance for Telecommunications Industry Solutions，ATIS）

（7）印度电信标准发展协会（Telecommunications Standards Development Society，TSDSI）。

图 4-1　3GPP 组织标志　　　　图 4-2　3GPP 组织伙伴标志

个体会员需要首先加入对应区域的标准组织，才能参与 3GPP 相关标准的制定、拥有投票等权利。截至 2021 年 10 月，3GPP 已拥有个体会员超过 750 个，包括来自 40 余个国家和地区的网络运营商、终端制造商、仪表设备制造商、芯片制造商以及科研机构、学术机构与政府机构等。目前，我国的三大运营商以及主流通信设备制造商都是 3GPP 组织的成员。

在 3GPP 的组织架构中，处于最上层的是项目协调组（program coordination group，PCG），由 CCSA、ETSI、TIA、TTC、ARIB、TTA、TSDSI 这几个组织伙伴组成，负责整体工作的安排、统筹时间计划、管理和协调下设的技术规范组（technical specification group，TSG）。目前，3GPP 共有 3 个 TSG，包括无线接入网（radio access network，RAN）、业务与系统（service and system aspects，SA）与核心网与终端（core network and terminal，CT），每个 TSG 又下设多个工作组（work group，WG），分别承担具体的工作任务，如表 4-1 所示。

表 4-1 3GPP 组织架构

项目协调组		
TSG RAN 无线接入网	TSG SA 业务与系统	TSG CT 核心网与终端
RAN WG1 无线物理层	SA WG1 业务	CT WG1 MM/CC/SM
RAN WG2 无线层 2 和层 3	SA WG2 架构	CT WG3 外部网互通
RAN WG3 无线网络架构和接口	SA WG3 安全	CT WG4 MAP/GTP/BCH/SS
RAN WG4 射频性能和协议	SA WG4 编解码	CT WG6 智能卡业务应用
RAN WG5 终端一致性测试	SA WG5 网管	
RAN WG6 GERAN 和 UTRA 接入网	SA WG6 关键业务应用	

3GPP 成立伊始的主要工作是为第三代移动通信系统制定全球使用的技术规范（technical specification，TS）与技术报告（technical report，TR）。近年来，随着移动通信技术的发展，3GPP 也逐步拓展了其工作范围，研究项目涉及蜂窝电信网络技术，包括无线接入、核心传输网络和服务能力，包括编解码器、安全性、服务质量等工作，从而提供完整的系统规范。目前，3GPP 正在致力于 5G NR 的研究与标准定义，并讨论 5G-Advance 的相关研究方向。

3GPP 定义的标准规范以 Release 作为版本进行管理，通过不同的 Release 迭代将最新的技术引入移动通信系统，通常每个版本从启动到冻结持续一至两年的时间。在 LTE 的首个标准版本 Release 8 发布以来，4G LTE 最终在超过 8 个 Release 版本中持续演进，引入了 LTE、LTE-Advance、LTE-Pro 等新的功能与特性，并在 Release 15 首次进入 5G NR 标准时代，可满足部分 5G 的需求。现阶段，3GPP 已在 Release 16 完成 5G 主要标准的发布，可同时满足独立组网（standalone，SA）与非独立组网的需求，在 Release 17 阶段继续 5G 延迟版本标准的研究，并计划于 Release 18 开启 5G-Advance 的研究与标准定义。

4.2.2 美国无线通信和互联网协会

美国无线通信和互联网协会（CTIA，其标志如图 4-3 所示）是美国无线通信行业组织，成立于 1984 年，该组织包括运营商、设备制造商、移动应用程序开发商、内容提供商等，主要制定无线通信相关的行业标准。

图 4-3 CTIA 协会标志

4.2.3 中国通信标准化协会

中国通信标准化协会（CCSA，其标志如图 4-4 所示）采用单位会员制，是由国内企事业单位自愿联合组成的非营利性法人社会团体。其成员单位包括通信运营、产品制造、互联网、科研机构、高等院校、技术开发等各种组织，在全国范围内开展信息通信技术领域标准化活动，为国家信息化和信息产业发展做出贡献。

图 4-4 CCSA 协会标志

根据技术和标准研发需求，协会下设技术工作委员会、特设任务组、标准推进委员会等技术机构，负责组织信息通信领域国家标准、行业标准与团体标准的制定、修订工作。其中，根据技术领域、业务发展方向的不同，技术工作委员会也分为 11 个不同方向，按领域范围分别组织会员单位开展标准的起草活动，研究范围划分如表 4-2 所示。

表 4-2 技术工作委员会研究范围

序　号	名　　称	研　究　范　围
TC1	互联网与应用技术工作委员会	互联网基础设施和应用共性技术、数据中心、云计算、大数据、区块链、人工智能和各种应用
TC3	网络与业务能力技术工作委员会	信息通信网络（包括核心网、IP 网）的总体需求、体系架构、功能、性能、业务能力、设备、协议以及相关的 SDN/NFV 等新型网络技术
TC4	通信电源与通信局站工作环境技术工作委员会	通信设备电源、通信局站电源；通信局站工作环境
TC5	无线通信技术工作委员会	移动通信、无线接入、无线局域网及短距离通信、卫星与微波、集群等无线通信技术及网络、无线网络配套设备及无线安全等标准制定，无线频谱、无线新技术等研究

续表

序　号	名　　称	研　究　范　围
TC6	传送网与接入网技术工作委员会	传送网、系统和设备，接入网，传输媒质与器件，电视与多媒体数字信号传输等
TC7	网络管理与运营支撑技术工作委员会	网络管理与维护、电信运营支撑系统相关领域的研究及标准制定
TC8	网络与信息安全技术工作委员会	面向公众服务的互联网的网络与信息安全标准，电信网与互联网结合中的网络与信息安全标准，特殊通信领域中的网络与信息安全标准
TC9	电磁环境与安全防护技术工作委员会	电信设备的电磁兼容；雷击与强电的防护；电磁辐射对人身安全与健康的影响以及电磁信息安全
TC10	物联网技术工作委员会	面向物联网相关技术，根据各运营商开展的与物联网相关的各项业务，研究院所、生产企业提出的各项技术解决方案，以及面向具体行业的信息化应用实例，形成若干项目组，有针对性地开展标准研究
TC11	移动互联网应用和终端技术工作委员会	移动互联网应用的术语定义、需求、架构、协议、安全的研究及标准化；各种形态终端的能力及软硬件、接口、融合、共性等技术和终端周边组件、终端安全的研究及标准化
TC12	航天通信技术工作委员会	航天通信网络架构、协议；航天通信在行业中的应用；协同组网通信

此外，协会也负责组织国内外信息通信技术领域的标准化交流合作，深度参与国际标准的起草与制定，广泛发展与国际标准化组织的密切合作，以提升我国信息通信标准化在国际领域的影响力。图 4-5 为 CCSA 与国际标准化组织的合作关系示意图。

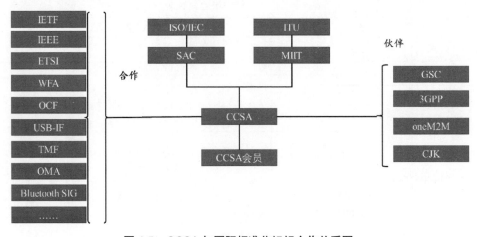

图 4-5　CCSA 与国际标准化组织合作关系图

4.3　终端天线测试标准体系与进展

4.3.1　3GPP 终端天线测试标准

3GPP TSG RAN 工作组分为六个子工作组：RAN WG1 主要围绕物理层展开，负责物理层无线接口的研究；RAN WG2 负责无线接口结构、协议等；RAN WG3 负责网络整体结构；RAN WG4 研究射频性能和协议；RAN WG5 研究终端一致性测试；RAN WG6 研究 GSM/EDGE 无线通信网络（GSM EDGE radio access network，GERAN）无线协议。

目前，RAN4 工作组的主要工作范围包括定义涵盖 5G 在内的移动通信系统射频指标、接收机解调指标、无线资源管理指标、基站一致性测试和终端测试方法等。其中，RAN4 工作组是移动通信系统的关键特性落地到产业部署的必经之路，是实现大规模商用前的重要研究保障。

随着移动通信技术的发展，无线环境日趋复杂，天线性能成为评估无线设备性能优劣的重要指标。空口测试可通过空间三维测量衡量无线设备整体的天线性能，是评估终端设备天线性能的通用方法。相比于通过电缆线连接的方式，OTA 测试可模拟无线设备的真实使用状态，衡量无线设备与基站之间的实际连接情况，评估终端辐射盲点和天线功率分布，从而验证无线设备和网络的连接能力以及终端使用者对辐射和接收性能的影响。因此，基于 OTA 测试的终端天线性能测试方案与指标定义一直是标准化研究的重要方面。

目前，3GPP 已完成的 2G、3G、4G 辐射及接收性能技术规范与技术报告，如表 4-3 所示。其中，研究项目（study item，SI）的输出成果为技术报告，标准项目（work item，WI）的输出成果为技术规范。

表 4-3　3GPP 2/3/4G OTA TS/TR 列表

项 目 名 称	最 新 版 本
TS 25.144 User equipment (UE) and mobile station (MS) over the air performance requirements	Release 11 V11.2.0
TR 25.914 Measurements of radio performances for UMTS terminals in speech mode	Release 17 V17.0.0
TS 34.114 Technical specification group radio access network; User equipment (UE) / mobile station (MS) over the air (OTA) antenna performance; Conformance testing	Release 12 V12.2.0

续表

项 目 名 称	最 新 版 本
TS 37.144 User equipment (UE) and mobile station (MS) GSM, UTRA and E-UTRA over the air performance requirements	Release 17 V17.0.0
TS 37.544 Universal terrestrial radio access (UTRA) and evolved UTRA (E-UTRA); User equipment (UE) over the air (OTA) performance; Conformance testing	Release 16 V16.2.0
TR 37.902 Measurements of user equipment (UE) radio performances for LTE/UMTS terminals; Total radiated power (TRP) and total radiated sensitivity (TRS) test methodology	Release 17 V17.0.0
TR 37.977 Universal terrestrial radio access (UTRA) and evolved universal terrestrial radio access (E-UTRA); Verification of radiated multi-antenna reception performance of user equipment (UE)	Release 17 V17.0.0

注：最新版本统计截至 2023 年 3 月。

以上相关标准规定了用户设备与移动用户终端设备的 2G、3G、4G 的 OTA 测试方法与限值要求。涉及产品类别包括手机、LME（laptop mounted equipment，笔记本电脑安装设备）、LEE（laptop embedded equipment，笔记本电脑嵌入设备）等。其中 LME 如 USB 加密狗等插入设备，LEE 如笔记本电脑内嵌的嵌入式模块卡等。定义的测试状态包括自由空间、仅人头模式、仅人手模式、头手模式等。

关于 5G，3GPP 已经制定 5G 相关核心规范以及传导指标，同时针对终端天线性能与 OTA 测试方法开展了大量研究，具体技术规范和技术报告进展的细节信息如表 4-4 所示。

表 4-4　3GPP 5G OTA TS/TR 列表

项 目 名 称	最 新 版 本
TS 38.151 User equipment (UE) multiple input multiple output (MIMO) over-the-air (OTA) performance requirements	Release 17 V17.3.0
TS 38.161 User equipment (UE) TRP (total radiated power) and TRS (total radiated sensitivity) requirements; Range 1 standalone and range 1 interworking operation with other radios	Release 17 V17.1.0
TR 38.810 Study on test methods	Release 16 V16.6.1
TR 38.827 Study on radiated metrics and test methodology for the verification of multi-antenna reception performance of NR user equipment (UE)	Release 16 V16.4.0
TR 38.834 Measurements of user equipment (UE) over-the-air (OTA) performance for NR FR1; Total radiated power (TRP) and total radiated sensitivity (TRS) test methodology	Release 17 V17.2.0

续表

项 目 名 称	最 新 版 本
TR 38.884 Study on enhanced test methods for frequency range 2 (FR2) NR user equipment (UE)	Release 18 V18.2.0
TR 38.870 Enhanced over-the-air (OTA) test methods for NR FR1 total radiated power (TRP) and total radiated sensitivity (TRS)	Release 18 V0.2.0 在研
TR 38.871 Study on NR frequency range 2 (FR2) over-the-air (OTA) testing enhancements	Release 18 V0.1.0 在研

注：最新版本统计截至 2023 年 3 月。

1. Rel-15 OTA 标准

3GPP RAN4 在 Rel-15 阶段开展了 5G NR 终端测试方法的研究，图 4-6 为 5G 终端测试方法项目任务书，描述了项目的研究内容和目标。该项目发布了全球首个 5G 终端 OTA 测试方法规范，主要围绕 FR2 频段的 5G 终端 OTA 测试方法展开研究。该规范围绕射频、无线资源管理、调制与解调指标的 OTA 测试方法，提出了直接远场法、间接远场法与近远场转换法等多种测试方案并定义了各自的适用范围。2018 年 6 月，3GPP Rel-15 版本标准正式宣布冻结。2018 年 9 月，中国信息通信研究院（以下简称中国信通院）泰尔终端实验室作为该项目的联合报告人，正式结项并发布了标准 TR38.810 V16.0.0 版本。

3GPP TSG RAN Meeting #79　　　　　　　　　　　　　　　**RP-180546**
Chennai, India, March 19 – 22, 2018　　　　　　　　　　**(revision of RP-171828)**

Source:	Intel Corporation, CATR, Qualcomm Incorporated
Title:	Revised SID on Study on test methods for New Radio
Document for:	Approval
Agenda Item:	9.3.9

3GPP™ Work Item Description

For guidance, see 3GPP Working Procedures, article 39; and 3GPP TR 21.900.
Comprehensive instructions can be found at http://www.3gpp.org/Work-Items

- **Title:** Study on test methods for New Radio
- **Acronym:** FS_NR_testMethods
- **Unique identifier:** 750044
-

▪ This WID includes a Core part	
▪ This WID includes a Performance part	

图 4-6　5G 终端测试方法项目任务书（RP-180546）

2. Rel-16 OTA 标准

Rel-16 阶段，3GPP RAN4 在 TR38.810 的基础上进一步开展 5G 终端测试方法增强的研究课题，苹果公司与中国信通院作为联合报告人立项了终端毫米波增强测试方法的研究课题 TR 38.884。图 4-7 为 5G 终端测试方法增强研究的项目任务书，该项目在原有测试方法的基础上进一步优化，以减小测试时间、适用于高低温等极限条件测试、满足高下行链路功率与低上行链路功率测试例等。此外，随着 3GPP 对 5G FR2 频段的研究由最初的 24.25～52.6GHz 进一步扩展至 71GHz，RAN4 工作组在原有 OTA 测试方法的研究中新增了对 52.6～71GHz（FR2-2）频段终端 OTA 测试方法研究的议题，并于 3GPP RAN#92 次全会通过将其并入 TR 38.884 的研究范畴，以在 TR38.810 的基础上使 OTA 测试方案可以适用于更高的毫米波频段。该项目于 2022 年 3 月 RAN#95 次全会转化为 Rel-18 标准项目，以完成 FR2-2 频段终端 OTA 测试方法的研究。

3GPP TSG-RAN Meeting #92 RP-211600
Electronic meeting, June 14 - 18, 2021 (revision of RP-211449)

Source:	Apple Inc., vivo, Intel Corporation
Title:	Revised SID: Study on enhanced test methods for FR2
Document for:	Approval
Agenda Item:	9.6.6

3GPP™ Work Item Description

Information on Work Items can be found at http://www.3gpp.org/Work-Items ↓
See also the 3GPP Working Procedures, article 39 and the TSG Working Methods in 3GPP TR 21.900

- **Title: Study on enhanced test methods for FR2 UEs**

- **Acronym: FS_FR2_enhTestMethods**

- **Unique identifier: 850071**

-

| ▪ This WID includes a Core part | | |
| ▪ This WID includes a Performance part | | |

图 4-7 5G 终端增强测试方法项目任务书（RP-211600）

此外，3GPP 在 Rel-16 阶段开展 5G 终端多天线性能要求和测试方法的标准研究。图 4-8 为 5G MIMO OTA 测试方法项目任务书。该项目研究覆盖 5G FR1 与 FR2 频段，研究内容包括 5G 终端整机 MIMO OTA 性能要求和测试方法，以弥补 Rel-15 阶段 5G 标准并未考虑终端多天线系统性能、无法保证实际网络性能的缺陷。项目由中国信通院泰尔终端实验室作为首席报告人负责整个项目的实施和制定工作，并于 2020 年 7 月 3GPP RAN#88 次全会上正式结项，发布 TR38.827 V16.0.0。这也标志着完整版 5G FR1 多天线测试标准正式出台，以保证 2020 年商用 5G 终端在现实网络环境下的工作性能和真实用户体验。

```
3GPP TSG-RAN Meeting #88-e                                    RP-201069
Electronic Meeting, June 29 - July 3, 2020              (revision of RP-182691)
```

Source:	CAICT, OPPO, Samsung
Title:	Revised SID: Study on radiated metrics and test methodology for the verification of multi-antenna reception performance of NR UEs
Document for:	Approval
Agenda Item:	9.2.1

3GPP™ Work Item Description

For guidance, see 3GPP Working Procedures, article 39; and 3GPP TR 21.900.
Information about Work Items can be found at http://www.3gpp.org/Work-Items

- Title: Study on radiated metrics and test methodology for the verification of multi-antenna reception performance of NR UEs

- Acronym: FS_NR_MIMO_OTA_test

- Unique identifier: 801001

▪ This WID includes a Core part		
▪ This WID includes a Performance part		

图 4-8　5G MIMO OTA 测试方法项目任务书（RP-201069）

3. Rel-17 OTA 标准

3GPP RAN4 在 Rel-17 阶段启动了 5G MIMO OTA WI 项目的研究，图 4-9 是 5G MIMO OTA 性能要求项目任务书，其研究内容分为核心部分与性能部分，其中核心部分主要包含 MIMO OTA 测试方法、测试环境、信道模型定义、信道模型验证等，性能部分重点包括制定 FR1 与 FR2 频段终端 MIMO OTA 的限值要求。该项目在 Rel-16 SI 项目的基础上进一步制定 5G MIMO OTA 限值要求并为认证测试提供依据。中国信通院作为标准报告人主导该标准的制定工作。为了更严谨地定义终端 OTA 限值，RAN4 工作组于 2022 年 8 月完成实验室间比对工作，由经过 3GPP 认可的已通过信道模型验证、比对一致的实验室提交终端测试数据以定义性能要求。该实验室间比对工作由中国信通院泰尔终端实验室牵头组织，确认比对一致的 6 家实验室/企业包括中国信通院泰尔终端实验室、华为技术有限公司、小米公司、苹果公司、联发科技股份有限公司（Media Tek，MTK）、北京邮电大学&中国移动通信集团有限公司（以下简称中国移动）联合实验室。该项目于 2022 年 6 月完成核心部分并发布标准 TS38.151，于 2022 年 9 月完成限值制定并正式完成该标准的修订。

在此期间，3GPP RAN#91 次全会通过了 FR1 TRP TRS WI 立项建议，3GPP RAN#93-e 次全会修订的项目信息如图 4-10 所示。该项目首次将 5G FR1 频段的 SISO OTA 测试方法与限值要求纳入 3GPP 技术标准，定义 SA 与 LTE 和 5G 双连接（E-UTRAN and NR dual connection，EN-DC）模式下 5G 终端总辐射功率和总辐射灵敏度指标的测试方法与限值要求。该项目于 2022 年 3 月完成核心部分的讨论并发布内部技术报告 3GPP TR 38.834，并于 2022 年 9 月完成 WI 结项并正式发布标准 3GPP TS 38.161。

3GPP TSG RAN meeting #94e   RP-213101
Electronic Meeting, Dec. 6-17, 2021   (revision of RP-212603)

Source:	CAICT, OPPO
Title:	Revised WID: Multiple Input Multiple Output (MIMO) Over-the-Air (OTA) requirements for NR UEs
Document for:	Approval
Agenda Item:	9.3.4.1

3GPP™ Work Item Description

For guidance, see 3GPP Working Procedures, article 39; and 3GPP TR 21.900.
Information about Work Items can be found at http://www.3gpp.org/Work-Items

Title: Multiple Input Multiple Output (MIMO) Over-the-Air (OTA) requirements for NR UEs

Acronym: NR_MIMO_OTA

Unique identifier: 880078

This WID includes a Core part	X
This WID includes a Performance part	X

图 4-9　5G MIMO OTA 性能要求项目任务书 （RP-213101）

3GPP TSG-RAN Meeting #93-e   RP-212030
Electronic Meeting, September 13 - 17, 2021   (revision of RP-211158)

Source:	vivo, OPPO, CMCC
Title:	Revised WID: Introduction of UE TRP (Total Radiated Power) and TRS (Total Radiated Sensitivity) requirements and test methodologies for FR1 (NR SA and EN-DC)
Document for:	Approval
Agenda Item:	9.3.4.2

3GPP™ Work Item Description

Information on Work Items can be found at http://www.3gpp.org/Work-Items
See also the 3GPP Working Procedures, article 39 and the TSG Working Methods in 3GPP TR 21.900

Title: Introduction of UE TRP (Total Radiated Power) and TRS (Total Radiated Sensitivity) requirements and test methodologies for FR1 (NR SA and EN-DC)

Acronym: NR_FR1_TRP_TRS

Unique identifier: 911010

This WID includes a Core part	X
This WID includes a Performance part	X

图 4-10　5G FR1 TRP TRS 测试方法与性能要求项目任务书 （RP-212030）

4．Rel-18 OTA 标准

2022 年 3 月，3GPP RAN#95 次全会通过了 Study on NR frequency range 2 (FR2) over-the-air (OTA) testing enhancements 立项建议，该标准项目以 TR 38.810、TR 38.884 为基础，研究毫米波多模组和下行 4 流终端的 OTA 测试方法，该项目的相关信息如图 4-11 所示，预期结项时间为 2023 年 12 月。

3GPP TSG RAN Meeting #95e
Electronic Meeting, March 17 - 23, 2022

RP-220988
(revision of RP-220054)

Source: Qualcomm Incorporated
Title: New SI: Study on NR frequency range 2 (FR2) Over-the-Air (OTA) testing enhancements
Document for: Approval
Agenda Item: 9.1.4

3GPP™ Work Item Description

Information on Work Items can be found at http://www.3gpp.org/Work-Items
See also the 3GPP Working Procedures, article 39 and the TSG Working Methods in 3GPP TR 21.900

Title: New SI: Study on NR frequency range 2 (FR2) Over-the-Air (OTA) testing enhancements

Acronym: FS_NR_FR2_OTA_enh

图 4-11　5G FR2 OTA 测试方法增强项目任务书（RP-220988）

2022 年 9 月的 3GPP RAN#97 次全会通过了其他两项 Rel-18 OTA 标准项目的立项建议，分别为 Rel-17 MIMO OTA WI 项目和 Rel-17 FR1 TRP TRS WI 项目的增强演进，项目的相关信息如图 4-12 和图 4-13 所示，预期结项时间均为2024 年 6 月。

3GPP TSG-RAN Meeting #97-e
Electronic Meeting, Sep. 12-16, 2022

R4-222668

Source: CAICT, OPPO, Keysight Technologies
Title: R18 New WID: Enhancement of Multiple Input Multiple Output (MIMO) Over-the-Air (OTA) test methodology and requirements for NR UEs
Document for: Approval
Agenda Item: 9.1.4

3GPP™ Work Item Description

Information on Work Items can be found at http://www.3gpp.org/Work-Items
See also the 3GPP Working Procedures, article 39 and the TSG Working Methods in 3GPP TR 21.900

Title: Enhancement of Multiple Input Multiple Output (MIMO) Over-the-Air (OTA) test methodology and requirements for NR UEs

Acronym: NR_MIMO_OTA_enh

Unique identifier: TBD

图 4-12　5G MIMO OTA 测试方法和限值要求增强项目任务书（R4-222668）

3GPP TSG-RAN Meeting #97-e   RP-222669
Electronic meeting, September 12 - 16, 2021

Source: vivo
Title: New WID: Enhancement of UE TRP (Total Radiated Power) and
                  TRS (Total Radiated Sensitivity) requirements and test
                  methodologies
Document for: Approval
Agenda Item: 9.1.4

3GPP™ Work Item Description

Information on Work Items can be found at http://www.3gpp.org/Work-Items
See also the 3GPP Working Procedures, article 39 and the TSG Working Methods in 3GPP TR 21.900

Title: Enhancement of UE TRP (Total Radiated Power) and TRS
       (Total Radiated Sensitivity) requirements and
       test methodologies

Acronym: NR_FR1_TRP_TRS_Enh

Unique identifier: TBA

图 4-13　FR1 TRP TRS 测试方法和限值要求增强项目任务书（RP-222669）

4.3.2　CTIA 标准体系

　　CTIA 是成立于 1984 年的全球性非盈利组织，在推动无线以及互联网行业发展方面发挥了不可忽视的作用。在 5G 研究初期，CTIA 于 2018 年 4 月联合国际领先的电信咨询公司——Analysys Mason 发布了 5G 研究报告，对世界各国的 5G 现状进行了研究。

　　针对 5G 终端测试，CTIA 与 3GPP RAN4/RAN5 形成官方合作，共同开展 5G 测试标准研究，以争取形成统一的产业界测试方法。CTIA 与 3GPP 将各自在自己擅长的领域进行研究，CTIA 专注暗室认证、不确定度分析与头手模型研究等领域，3GPP 则致力测试方法、测试场景、信道模型等方面，双方将定期沟通研究进展，促进 5G 测试标准的迅速成型。

　　根据 CTIA 的 5G 标准研究规划，5G FR1 频段的终端 SISO OTA 测试方法研究具有最高优先级，其次为 5G FR2 毫米波频段的 SISO OTA 测试方法研究，再次是头手模型研究与 5G MIMO OTA 测试方法研究。针对 Sub-6GHz 测试标准的相关研究工作，将作为对 LTE SISO OTA 测试方法的拓展，在 OTA 工作组中率先展开。目前，该工作组已针对 5G FR1 频段 SISO OTA 的测试方法、参数配置等方面展开了深入的讨论，并于 2021 年 9 月发布了面向 5G 终端的 OTA 测试规范：Test Plan for Wireless Device Over-the-Air Performance，V3.9.3 版本。该版本首次写入了 5G OTA 测试方案，聚焦独立组网模式的 5G 终端 FR1

OTA 测试方法。 在此基础上，CTIA OTA 工作组进一步开展 EN-DC 模式 5G 终端 OTA 测试方法研究，并于 2022 年 2 月发布了 V4.0 版本的测试规范。该版本在原有 V3.9.3 版本的基础上进一步优化，并新增了面向 EN-DC 模式 5G 终端 OTA 测试方法，以及相关频段列表及测试配置。

此外，在 2018 年的 5G 研究进程中，CTIA 在原有工作组的基础上新成立了 5G Millimeter Wave（毫米波）OTA 与 OTA Near Field Phantom（近场模型）工作组。5G FR2 频段的测试标准讨论在新成立的 5G 毫米波 OTA 工作组中展开，该工作组已于 2020 年 3 月发布了第一版面向 5G 毫米波终端的 OTA 测试规范：Test Plan for Millimeter-Wave Wireless Device Over-the-Air Performance，V1.0 版本。在此基础上，CTIA 5G Millimeter Wave OTA 工作组在测试方法、参数配置及静区性能验证等方面继续开展深入的讨论，于 2022 年 2 月发布了面向 V4.0 版本的测试规范：CTIA 01.22 Test Methodology, SISO, Millimeter Wave，V 4.0.0。该版本测试规范聚焦如下测试例及测试场景。

（1）最大输出功率：最大发射波束峰值方向上的等效全向辐射功率。

（2）最大发射波束峰值方向的总辐射功率：球面覆盖。

（3）参考灵敏度：接收波束峰值方向的等效全向灵敏度；球面覆盖。

适用于 5G 毫米波终端的手模型研发任务，包括双手（two hand grip，THG）及单手模型（single hand grip，SHG），以及手模型测试场景下待测 5G 终端设备的摆放方式研究，则由 CTIA OTA Near Field Phantom 工作组承担。

综上所述，CTIA 标准组织已经针对 5G 终端天线性能与 OTA 测试方法开展了大量研究。目前，CTIA V4.5.0 版本的 OTA 测试规范已经发布，其列表如表 4-5 所示。

表 4-5　CTIA OTA 标准列表

标 准 编 号	标 准 名 称
CTIA 01.01	Test Scope, Requirements, and Applicability V4.0.0 测试范围、要求及适用性
CTIA 01.03	Normative Reporting Tables V4.0.0 强制性报告表格
CTIA 01.04	Informative Reporting Tables V4.0.0 资料性报告表格
CTIA 01.20	Test Methodology, SISO, Anechoic Chamber V4.0.0 全电波暗室 SISO OTA 测试方法
CTIA 01.21	Test Methodology, SISO, Reverberation Chamber V4.0.0 混响室 SISO OTA 测试方法
CTIA 01.22	Test Methodology, SISO, Millimeter Wave V4.0.0 毫米波 SISO OTA 测试方法

续表

标 准 编 号	标 准 名 称
CTIA 01.40	Test Methodology, MIMO, Static Channel Model, Multi-Probe Anechoic Chamber 4.0.0 多探头全电波暗室（multi-probe anechoic chamber，MPAC）静态信道模型 MIMO OTA 测试方法
CTIA 01.41	Test Methodology, MIMO, Static Channel Model, Radiated Two Stage V4.0.0 辐射两阶段法（radiated two-stage，RTS）静态信道模型 MIMO OTA 测试方法
CTIA 01.50	Wireless Technology, 3GPP Radio Access Technologies V4.0.0 无线技术：3GPP 无线接入技术
CTIA 01.51	Wireless Technology, Location based Technologies V4.0.0 无线技术：定位技术
CTIA 01.52	Wireless Technology, Non-3GPP Radio Access Technologies V4.0.0 无线技术：非 3GPP 无线接入技术
CTIA 01.70	Measurement Uncertainty V4.0.0 测试不确定度（MU）
CTIA 01.71	Device Setup and Positioning Guidelines V4.0.0 设备设置及摆放
CTIA 01.72	Near Field Phantoms V4.0.0 近场模型
CTIA 01.73	Supporting Procedures V4.0.0 支撑性材料
CTIA 01.90	Informative Reference Material V4.0.0 资料性参考材料

4.3.3 CCSA 终端天线测试标准

中国通信标准化协会（CCSA）自 2018 年全面启动了 5G 相关标准研究，陆续开展了 5G 核心网、无线网、边缘计算、车联网技术（vehicle to everything，V2X）等标准的研制工作。其中，CCSA 中国通信标准化协会 TC9 电磁环境与安全防护工作组致力于电信设备的电磁兼容、雷击与强电的防护、电磁辐射对人身安全与健康的影响以及电磁信息安全相关的标准制定工作。其下设四个工作组，分别为 WG1 电信设备的电磁环境工作组、WG2 电信系统雷击防护与环境适应性工作组、WG3 电磁辐射与安全工作组与 WG4 共建共享工作组，其研究范围如表 4-6 所示。

表 4-6　TC9 工作组研究范围

工　作　组	研　究　范　围
WG1 电信设备的电磁环境工作组	电信网络与设备的电磁环境,包括电磁兼容、电磁干扰、天线电磁兼容性能、电磁环境特征研究
WG2 电信系统雷击防护与环境适应性工作组	通信设备、设施的雷击防护标准研究;通信设备、设施的环境适应性;通信设备安全规定测试标准研究
WG3 电磁辐射与安全工作组	通信环境对人身安全与健康的影响以及电磁信息安全
WG4 共建共享工作组	电信基础设施共建共享中的关键技术研究,包括电磁兼容,电磁互干扰,承重、荷载、电磁辐射、安全防护、共建共享缓和技术措施、资源利用率等;电信基础设施共建共享涉及的第三方服务标准化工作等;电信基础设施共建共享中的管控流程和争端仲裁细则、新共建共享应用场景等

除此之外,TC9 WG1 工作组下设"天线与电磁干扰"子工作组,致力终端天线性能要求与测试方法的相关标准化研究。TC9 WG1 工作组完成了多项面向 2G/3G/4G 及物联网设备的无线终端空间射频辐射功率和接收机性能测试方法与 MIMO 天线性能测量方法的行业标准制定,并针对相应频段规定了终端在自由空间、仅手模型、仅头模型与头手模型等条件下的天线性能要求,为移动终端产业发展提供了标准依据,同时也为我国电信设备拟定进网检验要求提供了重要技术支撑。目前,CCSA TC9 WG1 制定的天线相关行业标准如表 4-7 所示。

表 4-7　TC9 WG1 天线性能相关行业标准

序　号	标　准　编　号	标　准　名　称	备　注
1	YD/T 1484.1-2016	无线终端空间射频辐射功率和接收机性能测量方法 第 1 部分:通用要求	修订 已报批
2	YD/T 1484.2-2016	无线终端空间射频辐射功率和接收机性能测量方法 第 2 部分:GSM 无线终端	已发布
3	YD/T 1484.3-XXXX	无线终端空间射频辐射功率和接收机性能测量方法 第 3 部分:CDMA 2000 无线终端	已报批
4	YD/T 1484.4-2017	无线终端空间射频辐射功率和接收机性能测量方法 第 4 部分:WCDMA 无线终端	已发布
5	YD/T 1484.5-2016	无线终端空间射频辐射功率和接收机性能测量方法 第 5 部分:TD-SCDMA 无线终端	已发布

续表

序　号	标准编号	标准名称	备　注
6	YD/T 1484.6-2021	无线终端空间射频辐射功率和接收机性能测量方法 第 6 部分：LTE 无线终端	修订 已发布
7	YD/T 1484.7-XXXX	无线终端空间射频辐射功率和接收机性能测量方法 第 7 部分：NB-IoT 无线终端	已报批
8	YD/T 1484.8-XXXX	无线终端空间射频辐射功率和接收机性能测量方法 第 8 部分：eMTC 无线终端	已报批
9	YD/T 1484.9-XXXX	无线终端空间射频辐射功率和接收机性能测量方法 第 9 部分：5G NR 无线终端（Sub-6GHz）	已报批
10	YD/T 1484.10-XXXX	无线终端空间射频辐射功率和接收机性能测量方法 第 10 部分：Cat 1bis 无线终端	在研
11	YD/T 2869.1-2021	终端 MIMO 天线性能要求和测量方法 第 1 部分：LTE 无线终端	修订 已发布
12	YD/T 2869.2-XXXX	终端 MIMO 天线性能要求和测量方法 第 2 部分：5G 终端（6GHz 以下频段）	在研
13	YD/T 2869.3-XXXX	终端 MIMO 天线性能要求和测量方法 第 3 部分：5G NR 无线终端（mmWave）	在研
14	YD/T XXXX-XXXX	终端毫米波天线技术要求及测量方法	在研
15	YD/T XXXX-XXXX	蓝牙无线终端设备空间射频辐射功率和接收机性能测量方法	在研

1．5G 行业标准

TC9 WG1 工作组针对 5G，目前已开发了多个 5G 终端单天线与多天线的测试规范，为 5G 终端大规模商用部署提供了有力的支撑。

其中，行业标准项目《无线终端空间射频辐射功率和接收机性能测量方法第 9 部分：5G NR 无线终端（Sub-6GHz）》是首个 5G 终端天线性能测试规范。中国信通院早在 CCSA TC9 WG1 第 44 次会议上就联合中国移动与中国电信集团有限公司提出了该标准项目的立项建议并推动标准的起草工作。该项目作为 1484 系列标准的第 9 部分，聚焦 Sub-6GHz 频段下 5G NR 无线终端的射频辐射功率与接收机性能，研究独立组网与非独立组网模式下的 OTA 测试方法、测试配置及各个频段的限值要求。标准适用于便携和车载使用的无线终端，也适用于在固定位置使用的无线终端以及通过 USB 接口、Express 接口和 PCMCIA

接口等连接便携式计算机的数据设备。起草组于 2020 年 12 月完成第一版本测试方法、限值定义并提交标准报批，是业内首个同时覆盖独立与非独立组网、测试方法与限值要求的测试规范。目前，起草组仍在持续开展该项目的后续研究，根据运营商的现网部署需求增加新的 5G 频段及限值要求，以完善对 5G NR 终端天线性能要求的测试规范。

毫米波频段是 5G 引入的重要频谱资源，由于毫米波频段电磁波本身的特性，导致支持毫米波频段的 5G 终端基带及天线高度集成化，并且毫米波显著的传播损耗使得其传输面临着巨大的挑战，促使产业界对毫米波终端的天线性能测试提出了更高的要求。早在 5G 标准研究初期，由中国信通院牵头在 CCSA 立项了《终端毫米波天线技术要求及测量方法》行业标准项目，该标准定义了终端毫米波天线技术要求及测量方法，主要包括总全向辐射功率、等效全向辐射功率、等效全向灵敏度等毫米波天线性能要求及限值要求。会议讨论并确立了 5G 终端毫米波测试标准体系与框架，初步将第一版本的测试方案聚焦于间接远场法，并与 3GPP 相关项目展开联动研究，目前已对该标准征求意见稿展开了多轮讨论。

此外，5G 终端将广泛采用多天线结构，终端的 MIMO OTA 性能是保证 5G 商用网络稳定通信的关键指标，因此下行吞吐量性能的测试方法研究同样十分关键。2018 年 12 月，中国信通院与中国移动、OPPO 广东移动通信有限公司、中国电信联合牵头立项了行业标准《终端 MIMO 天线性能要求和测量方法　第 2 部分：5G NR 无线终端（Sub-6GHz）》项目，研究终端 MIMO 天线 5G NR 无线终端在 Sub-6GHz 频段的空间射频接收机性能测量方法以及性能要求。随后，中国信通院联合中国移动于 2019 年 3 月牵头立项了行业标准《终端 MIMO 天线性能要求和测量方法　第 3 部分：5G NR 无线终端（mmWave）》项目，该标准将补充国内通信行业标准在 5G 毫米波多天线终端空间射频性能测试领域的空白。目前，TC9 WG1 工作组针对 5G MIMO OTA 信道模型、系统结构、测试方法、指标形式等展开了讨论，测试规范的整体方向将与中国信通院在 3GPP 主导的 5G MIMO OTA 标准保持同步，以促进产业界形成一致的认证规范，为 5G 终端产品研发、性能优化提供有力支撑。

2．前沿研究课题

1）NR SA 2Tx 终端总辐射功率测试方法研究

随着 5G 部署的增速，CCSA 针对独立与非独立组网场景的 5G 终端天线性能测试方法与限值要求展开了大量的研究。现有 5G SISO OTA 测试方法主要评估终端的单天线发射及接收性能，然而对于 5G SA 组网模式支持上行双发能力的终端，在实际 NR SA 网络中可能利用上行双发发射分集机制提升上行网络覆盖和性能，SA 2Tx 终端分类如图 4-14 所示，总体分为上行多输入多输出和发射分集两类，本课题仅针对发射分集开展测试方法研究。其发射分集场景的性能测试包括 OTA 在内的测试方法，考虑和解决上行双发终端的性能以及测试过程中可能出现的问题，目前国际与国内尚未有标准定义。

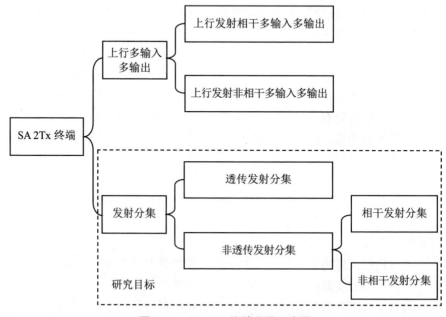

图 4-14　SA 2Tx 终端分类示意图

针对 2Tx 发射分集的 OTA 测试，几个难点被多次提起：例如，按照已有测试方案直接测试 2Tx 发射分集 OTA 性能，空间的双路信号在测试天线直接物理耦合，信号相位将影响最终信号功率，测试不确定度大；进行两次单天线测试，采用码本轮发或测试模式，将最终测试功率结果线性叠加，可以准确地评估双天线的性能，但是测试时间加倍。

此外，直接配置 SA rank 2 的 UL-MIMO 模式也是潜在讨论方案之一，但是目前 SISO 测试系统是否能直接测试这种模式的发射功率，测试结果的可重复性以及与单路性能叠加后的效果是否可比拟，仍然需要测试验证和分析。

TC9 WG1 经过第 51～54 次工作组会议的讨论，提出了多种潜在的 SA 2Tx 测试方案，包括但不限于：

（1）双天线同时发射同一码流测试总辐射功率；

（2）两个天线分别发射，分别测试总辐射功率并取和的方式；

（3）采用 UL MIMO 方式测试双天线同时发射的总辐射功率。

但是，针对如何评估相对相位漂移对测试结果可能产生的影响，如何兼顾相干与非相干终端的支持能力等诸多关键问题尚未有明确结论，需要进一步研究并结合实际测试验证。

该研究课题主要围绕 5G 终端 SA 2Tx 空间射频辐射功率的测试方法,适用于 SA 模式支持上行双发能力的终端。研究课题的相应成果输入至行业标准 YD/T 1484.9。

2）具备发射天线切换功能的终端 OTA 测试方法研究

随着移动终端技术的发展,为了改善终端上行发射性能,终端发射天线智能切换技术应运而生。随着发射天线技术的不断演进,多种信息、参量被纳入天线智能选择判决的算法中予以考虑。经过多年的不断迭代、发展,发射天线智能切换技术已达到技术充分成熟、产品广泛支持的产业阶段。该技术可根据终端所处环境选择更有利的天线进行上行射频能量的辐射,使得终端接入能力和业务体验显著受益。但如何准确地验证具备该能力终端的 OTA 性能,目前国内外尚未就此开展深入研究。

目前业界在评估具备发射天线切换功能终端的 OTA 性能时,普遍采用的方法是关闭智能切换功能并分别测量每个发射天线的总辐射功率指标,或通过终端厂家宣称的最佳天线测量其最佳发射天线的总辐射功率指标。这种方式的弊端在于无法准确地表征终端在现网环境下的实际表现,无法完全体现天线切换技术为终端接入能力带来的增益,无法评估切换算法在实际使用过程中带来的影响。鉴于以上实际问题,本研究课题结合参与天线切换判决的影响因素,针对天线切换功能开启状态时的准确评估终端辐射性能的方法开展研究。

3）双手手持模式对终端 OTA 性能的影响

近些年来,随着移动应用市场的发展,终端横屏模式的使用需求显著增加,对网络速率与稳定性的要求也越来越高。终端游戏市场屡创新高,视频应用风靡全球,根据全球领先的移动应用和数据分析平台 App Annie 发布的年度移动市场报告显示,在近年移动应用市场中视频播放与编辑 App 和游戏类 App 的使用时长在全球 App 总使用时长中分别占比 15% 与 10%,仅次于占比最高的社交通信类 App。中国移动互联网月报告也显示,移动视频和手机游戏分列总使用时长的第二名与第三名。

双手横屏手持终端是手机游戏和视频的典型使用方式,根据互联网数据中心（Internet Data Center,IDC）提供的中国移动游戏综合月度排行可以看出,手机游戏市场排名前十的游戏应用中有 8 款采用横屏双手操控方式,并且对网络时延要求较高。在此应用场景下,移动终端的上下天线被双手握住,可能导致 OTA 性能下降,并使网络延时增大。

在现有的终端天线测试标准中,业界已定义了适用于传统非手持模式的自由空间测试场景、通话模式的头手模型测试场景以及阅读或竖屏游戏模式的仅手测试场景,对于使用频次显著上升的视频、横屏游戏模式,国内外行业标准尚未定义对应的测试模型与测试场景。

如图 4-15 所示为双手握持终端的使用模型图。根据实际摸底测试可知，由于缺乏相应的标准化规范，终端设备在双手手持模式下的天线接收灵敏度指标表现差异显著。如图 4-16 所示，对于横屏性能较差的终端，其双手手持模式下的总全向灵敏度测试结果相比自由空间的性能回退可高达 15dB。

图 4-15 终端双手握持模式示意图

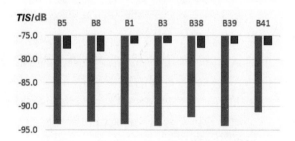

长矩形表示自由空间 短矩形表示横屏双手手握

图 4-16 横屏样机接收灵敏度性能测试结果

因此，为了保障手机游戏、视频播放等需要横屏使用场景的用户体验，目前需要研究横屏双手手持模式对终端 OTA 性能的影响。CCSA 也有必要开展双手手持模式的研究项目，评估双手模型对终端 OTA 性能的影响。

第 5 章

5G 终端 OTA 测试

在第 4 章中，我们对 5G 终端天线测试的标准化工作和国内外主要的通信标准化组织的标准化进展进行了介绍。有了标准化的测试方法，就可以进行终端天线性能测试。本章重点关注 5G 终端的 OTA 测试，介绍单天线测试、多天线测试、OTA 测试相关的测试例等内容。

5.1 5G 终端 OTA 测试概况

从终端测试的角度来看，传统 4G LTE 的射频测试主要采用传导的测试方法，OTA 测试仅针对总全向辐射功率 *TIRP*/总全向辐射灵敏度（total isotropic radiated sensitivity，TIRS）*TIRS* 等辐射性能指标，在 5G NR 时代，频谱向毫米波频段拓展，无线通信的运行频段分为 FR1 与 FR2 两部分。对于 5G FR1 频段，5G 与 LTE 并没有显著的测试差异；而在毫米波频段，信号传播面临的挑战和较小的天线尺寸激发了波束成形技术的广泛应用，较窄波束宽度的高增益波束能够优化移动设备的信号强度。然而，波束成形最终为终端测试带来重大的挑战，需要对每个波束进行特性分析和测试。因此，OTA 测试对于验证 5G 终端天线性能具有十分重要的意义。

OTA 测试是目前移动通信认证测试例中，唯一可以从终端整机方式评估智能手机的发射机和接收机性能的测试，这也是终端厂商和运营商最为关注的指标之一，因为该指标性能直接影响网络中终端与基站端的稳定连接，影响终端的产品设计，同时间接决定了运营商的网络覆盖和布网成本。例如，在同样的网络环境下，终端的天线性能差异可能导致部分终端信号良好，部分终端无服务的情况。

此外，从用户体验角度来看，终端 OTA 发射和接收性能，直接反映了用户真实使用场景的终端通信性能。OTA 测试可以评估在用户手持状态、通话状态和人体影响等多种场景的用户体验。在实际应用过程中，个别手机在用户手握持手机的特定部位时，信号强度出现了显著降低甚至无法正常通信的情况，业界戏称这种状态为"死亡之握"。上述例子说明手持手机时人手对终端天线性能造成了显著影响，因此评估被测设备在多种场景下的 OTA 性能，可以有效避免终端在自由空间性能良好，但在实际使用场景中用户体验极差的情况，更贴合产品的实际使用需求。

近年来，针对 5G 终端 OTA 测试，国内外各大标准化组织不断开展研究工作，陆续发布相关标准。本书第 4 章已详细介绍 3GPP、CTIA、CCSA 终端天线测试标准体系与进展；本章将基于具体测试标准，对 5G 终端 OTA 测试进行详细介绍。

5G 终端 OTA 测试从类型上看，总体可分为单输入单输出（SISO）OTA 测试和多输入多输出（MIMO）OTA 测试；从测试频段上看，可分为 Sub-6GHz 和毫米波频段。

对于不同类型、不同频段的 5G 终端 OTA 测试，测试指标、测试方法以及对应的测试标准有所不同；各大标准化组织的标准进展也不尽相同。表 5-1 总结了 5G 终端 OTA 测试类型及对应的指标、测试方法及标准，具体内容后面将详细介绍。

表 5-1　5G 终端 OTA 测试类型及对应的指标、测试方法及标准

测试类型	频段	指标	测试方案	标准及进展
SISO	Sub 6GHz	总辐射功率（*TRP*）、总辐射灵敏度[①]（*TRS*）	全电波暗室、混响室	CCSA:《YD/T1484.9-××××无线终端空间射频辐射功率和接收机性能测量方法　第 9 部分：5G NR 无线终端（Sub-6GHz）》，已报批
				CTIA：CTIA 01.20, Test Methodology, SISO, Anechoic Chamber V4.0.0 CTIA 01.21, Test Methodology, SISO, Reverberation Chamber V4.0.0
				3GPP：TR 38.834，2022 年 3 月发布核心部分（TS 38.161 2022 年 9 月发布）
	毫米波	总全向辐射功率（*TIRP*）、等效全向辐射功率（*EIRP*）、等效全向灵敏度（*EIS*）、球面覆盖	间接远场法、直接远场法、近远场转换法	CCSA:《终端毫米波天线技术要求及测量方法》，已有草稿，还未形成征求意见稿
				CTIA：CTIA 01.22 Test Methodology, SISO, Millimeter Wave V4.0.0
				3GPP：TR 38.810，2018 年 9 月正式发布

续表

测试类型	频段	指标	测试方案	标准及进展
MIMO	Sub-6GHz	总多天线辐射灵敏度[2]（TRMS）	多探头暗室、辐射两步法	CCSA：《YD/T 2869.2—××××终端 MIMO 天线性能要求和测量方法　第 2 部分：5G NR 无线终端（6GHz 以下频段）》，2021 年 3 月发布征求意见稿
				CTIA：CTIA 01.40 Test Methodology, MIMO, Static Channel Model, Multi-Probe Anechoic Chamber 4.0.0；CTIA 01.41 Test Methodology, MIMO, Static Channel Model, Radiated Two Stage V4.0.0
				3GPP：TR 38.827，2020 年 7 月正式发布 TS 38.151，2022 年 3 月发布核心部分
	毫米波	MASC[3]	3D 多探头	CCSA：《YD/T 2869.3-××××终端 MIMO 天线性能要求和测量方法　第 3 部分：5G NR 无线终端（mmWave）》，在研
				3GPP：TR 38.827，2020 年 7 月正式发布 TS 38.151，2022 年 3 月发布核心部分

① 总辐射灵敏度（total radiated sensitivity，TRS）。
② 总多天线辐射灵敏度（total radiated multi-antenna sensitivity，TRMS）。
③ MIMO 平均球面覆盖（MIMO average spherical coverage，MASC）。

5.2　Sub-6GHz SISO OTA 测试

随着 2019 年韩国 5G 网络商用，韩国成为世界上第一个将 5G 网络商用化的国家。与此同时，中国也积极不断地推进 5G 技术的研发和产业落地，于同年 6 月 6 日向传统三大运营商和我国广电正式发放 5G 商用牌照，成为全球第 5 个开通 5G 服务的国家。其中，6GHz 以下频率的 Sub-6 GHz 频段是我国最先实现 5G 商用的核心频段，制定并完善全面的测试规范对指导和推动我国 5G 终端产品的商用以及性能提升具有重要意义。

5G Sub-6 GHz 频段终端 SISO OTA 测试可采用全电波暗室与混响室两类系统，其中，全电波暗室为各大标准认可的测试方案，混响室也被采纳为标准测试方案，但当两类系统测试结果差异较大时，一般以全电波暗室系统测试结果为准。本小节主要介绍全电波暗室测试方案。

5.2.1　测试指标

发射功率和接收灵敏度是 5G 终端 Sub-6GHz SISO OTA 测试指标，同时是影响终端在现实网络环境中性能与运营商分布基站覆盖的核心因素。其中，总全向辐射功率描述了无线终端在空间三维球面上的射频辐射功率积分，反映了无线终端在所有方向上的发射特性，总全向辐射功率性能跟手机在传导情况下的发射功率和天线辐射性能有关。总全向辐射灵敏度则表征了无线终端在空间三维球面上的接收灵敏度积分，反映了无线终端在所有方向上的接收特性，总全向辐射灵敏度性能与手机在传导情况下的接收灵敏度和天线性能有关。这两项指标的性能直接影响着终端用户的实际用户体验，因此，总全向辐射功率 TIRP 和总全向辐射灵敏度 TIRS 在射频指标里被列为第一优先级进行研究和讨论。

CCSA 标准 YD/T 1484.1 中对 TIRP 和 TIRS 的计算方法定义如下：

$$TIRP \simeq \frac{\pi}{2NM} \sum_{i=1}^{N-1} \sum_{j=0}^{M-1} \left[EIRP_\theta(\theta_i, \varphi_j) + EIRP_\varphi(\theta_i, \varphi_j) \right] \sin(\theta_i) \tag{5-1}$$

$$TIRS \simeq \frac{2NM}{\pi \sum_{i=1}^{N-1} \sum_{j=0}^{M-1} \left[\dfrac{1}{EIS_\theta(\theta_i, \varphi_j)} + \dfrac{1}{EIS_\varphi(\theta_i, \varphi_j)} \right] \sin(\theta_i)} \tag{5-2}$$

式中：N 和 M 分别是 θ 轴和 φ 轴的采样点数；$EIRP$ 和 EIS 分别表示单方向、单极化下的峰值等效全向辐射功率和峰值等效全向辐射灵敏度，其右下角下标表明测试时的极化情况。

5.2.2　全电波暗室法

全电波暗室法是典型的 SISO OTA 测试方法。在介绍全电波暗室法前，首先对全电波暗室中使用的坐标系进行介绍。

如图 5-1 所示为全电波暗室中使用的典型球形坐标系统，φ 轴即为 Z 轴，θ 定义为测量点与+Z 轴之间的夹角，φ 定义为测量点在 XY 平面上的投影与+X 轴之间的夹角。

在定义了球坐标系统后，还需要定义每个测量点的两个正交极化方向：φ 极化方向 E_φ 定义为 φ 轴旋转时的运动方向，θ 极化方向 E_θ 定义为 θ 轴旋转时的运动方向。全电波暗室系统测量天线极化示意如图 5-2 所示。

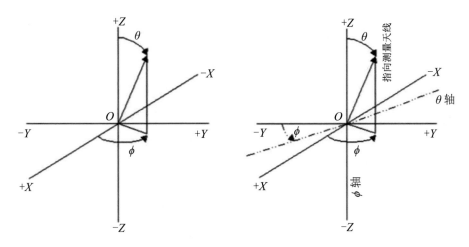

图 5-1　全电波暗室球坐标系统

　　注意，在实际测试的过程中，被测设备需要安装在暗室转台定位器上，转台定位器沿着−Z 轴方向，这就导致 θ=180°时，在该点的数据无法测量。所以对于球形测量覆盖区域（以 15°步长为例），其不包括|θ|≥165°的区域。

　　全电波暗室的主要组成结构为暗室和吸波材料，在设计的六面全屏蔽的测试环境中，每一面都铺上相应的电磁波吸波材料，减少了外部电磁波信号对测试信号的干扰，而电磁波吸收材料可以减少墙壁和天花板反射对测试结果的多径效应，适用于发射、灵敏度和抗干扰实验。如图 5-3 所示为全电波暗室。

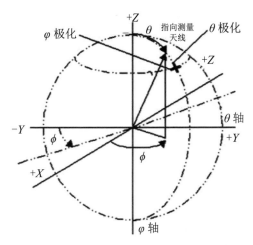

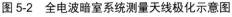

图 5-2　全电波暗室系统测量天线极化示意图

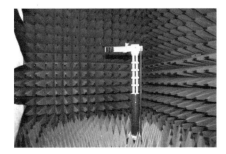

图 5-3　全电波暗室

　　全电波暗室测试系统按照结构可以分为组合轴和分布轴两种，如图 5-4 所示。

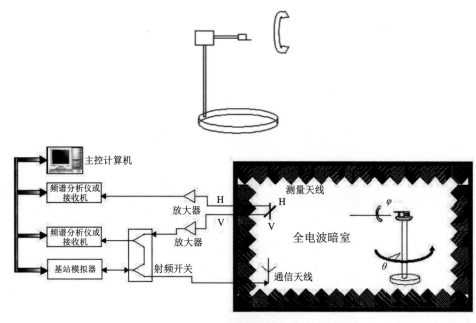

（a）组合轴系统

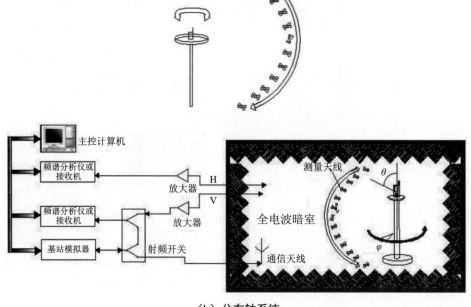

（b）分布轴系统

图 5-4　SISO OTA 典型测试系统示意图

其中，主控计算机作为整个测试系统的控制核心，控制整个测试系统协同工作，完成测试数据的采集、计算以及分析；频谱分析仪或接收机用来测量被测设备辐射功率；基站模拟器用来测量被测设备的接收灵敏度；放大器用来提高测试系统的动态范围；射频开关用来切换不同的测试链路；全电波暗室提供所需的测量场地；转台系统与天线阵列实现三维球面的测量能力。图 5-5 为组合轴系统和分布轴系统在实际测试环境的应用。

（a）组合轴系统

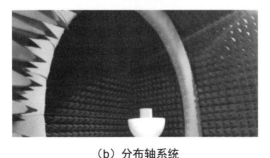

（b）分布轴系统

图 5-5　SISO OTA 测试系统实景

基于组合轴测试系统和分布轴测试系统，可以定义如下两种测量扫描方法。

（1）圆锥切法：使用圆锥切法时，扫描的轨迹定义为一系列 θ 相同的点构成的圆锥。$\theta=0°$ 和 $\theta=180°$ 时不进行测试。测试过程中，测量天线定位在一个起始角上，被测设备绕着 φ 轴旋转 $360°$ 后，测量天线移动到下一个角，重复上述过程，按照测试角 θ 的步长要求，完成 $0°\sim180°$ 范围内各个角上的测量。

（2）大圆切法：使用大圆切法时，扫描的轨迹为一系列 φ 相同的点构成的大圆。测试过程中，测量天线定位在一个起始角，被测设备绕 θ 轴旋转330°，即由-165°至165°（基于15°步长），然后测量天线移动到下一个角，重复上述过程。按照测试角 φ 步长要求，完成0°～180°范围内各个角上的测量。

1. 系统校准

在使用全电波暗室进行测试时，需要对系统进行校准，测量各测试仪表端口与暗室中心的被测设备所处位置之间的路径损耗，并使用路径损耗测量结果对测试仪表的读数进行补偿，从而得到正确的功率和灵敏度测量结果。

系统校准通常需要借助已知增益的标准天线，可以使用标准的偶极子天线；通常需要使用网络分析仪来测量路径损耗。在保证测量精确的前提下，也可使用其他标准天线和测试设备。

本节介绍一种常规的基于偶极子天线和网络分析仪的全电波暗室路径损耗校准方法。

如图 5-6 所示为一个典型的全电波暗室系统测量路径示意图，假设被测设备被放置于 A 点进行测试，连接测量天线的线缆的暗室外端点为 B 点，在进行终端天线性能测试过程中，点 B 通常连接至测试仪表端口，如频谱分析仪输入口、系统模拟器/综测仪输出口等。全电波暗室系统校准的目的是测量 A、B 两点之间的路径损耗，包括 A 点到测量天线之间的传输损耗、测量天线的增益以及测量天线连接线缆的损耗等。

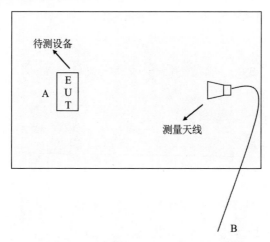

图 5-6　全电波暗室系统测量路径示意图

一种典型的路径校准方法如下。

（1）根据所需校准的频段范围，挑选合适的偶极子天线，并用偶极子天线取代被测设备，放置于 A 点，调整其位置极化方向，使之与所需校准的极化方向一致，并使其最强辐射方向对准测量天线。

（2）从网络分析仪其中一个端口通过线缆 1 连接到偶极子天线，并将其另外一个端口通过线缆 2 连接到 B 点，如图 5-7 所示。测量该配置下网络分析仪两个端口之间的 $S21$，记为 $L1$。

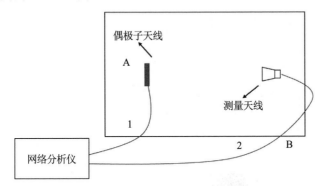

图 5-7　全电波暗室系统路径校准示意图（空口部分）

（3）断开线缆 1 与偶极子天线的连接，断开线缆 2 与 B 点的连接，并将线缆 1 和线缆 2 连接起来，如图 5-8 所示。测量该配置下网络分析仪两个端口之间的 $S21$，记为 $L2$。

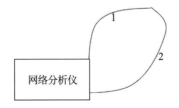

图 5-8　全电波暗室系统路径校准示意图（线缆部分）

（4）计算系统在该频点和极化方向上的路径损耗为：

$$PL = L1 - L2 - G$$

式中：PL 为全电波暗室系统路径损耗（dB）；G 为偶极子天线在该频点上的增益（dBi）。

（5）在所有测试例中包含的测量频点上、在两个极化方向重复上述步骤，得到所有测试频段和极化方向上的路径损耗。

2．纹波测试

纹波测试用于验证场地静区性能，衡量全电波天线暗室的反射引起的性能变化，其结果可以描述包括定位器和支撑结构在内的整个测试系统特性，经分析后计入整个测试系统总的不确定度。

典型的纹波测试设备及要求如下。

（1）全电波天线暗室和球形定位系统，暗室应满足远场中的最小测量距离的要求，测试场内无电磁干扰。

（2）覆盖所需全部测试频段的同轴偶极子探测天线族，它们在平面模式上的对称性小于±0.1dB。

（3）覆盖所需全部测试频段的标准环探测天线族，它们在平面模式上的对称性小于±0.1dB。

（4）用于探测天线定位的低介电常数支撑系统。

（5）全电波天线暗室用测量天线或测量天线阵列。

（6）网络分析仪或信号源/接收机。

在一般情况下，纹波测试频率为要求进行纹波测试频段中心频点±1MHz。

纹波测试分为 φ 轴纹波测试和 θ 轴纹波测试。测试过程中，应使用正常测试过程所需要的被测设备支撑系统。

1）φ 轴纹波测试

φ 轴纹波测试的静区为一个直径 300mm，高 300mm 的圆柱体，探测天线平行于 φ 轴，共测量 6 个位置，其中 3 个沿 φ 轴：中间点位于静区的中心，另外 2 个在沿 φ 轴并与中心点正、负偏置 150mm 的位置，其余 3 个位于平行并垂直偏离 φ 轴150mm 的高、中、低 3 个位置，如图 5-9 所示。在每个位置，φ 轴旋转 360°，测量天线在 θ=90° 的位置测量。每个位置用它的半径和轴向偏差 (R, Z) 表示，分别运用"+，-"来表示半径或轴与中心之间的正、负偏差。

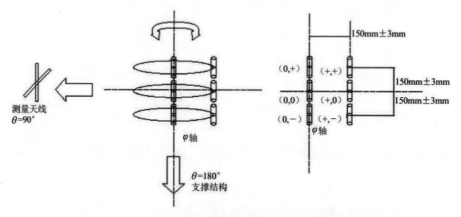

图 5-9　全电波暗室 φ 轴纹波测试示意图

在所有测试频率上进行 φ 轴纹波测试，测试步骤如下。

（1）测量天线固定在 θ=90° 位置并与静区中心在同一水平高度上。测量天线与探测天线之间的距离与实际测量时相同,并大于测试中远场距离的要求。测量天线与探测天线为相同极化。

（2）将探测天线用低介电常数的绝缘支撑物固定在 φ 轴定位器上。θ 极化测试用偶极子探测天线，φ 极化测试用环探测天线进行。

（3）用射频电缆连接信号源（或网络分析仪）与探测天线，根据测试频率设置信号源（或网络分析仪）的输出频率，根据接收机（或网络分析仪）的测量范围设置信号源（或网络分析仪）的输出幅度。将测量天线与接收机（或网络分析仪）相连，在纹波测试过程中，接收机（或网络分析仪）接收到的信号强度应至少大于本底噪声 40dB。所有的电缆应合理布置和连接，以对测量结果的影响降到最小。

（4）探测天线绕 φ 轴旋转一周，每 2° 记录一个测量值。

（5）记录测试结果，记录的参数包括：测量天线和探测天线的距离；测试布置中的电缆损耗和其他相关损耗；探测天线输入口的信号功率；当没有信号注入时接收机的本底噪声。

（6）在 6 个测试位置、2 个极化方向上分别重复步骤（1）～（5）。

（7）对于笔记本电脑类型的设备，还应增加 4 个额外位置的 φ 轴纹波测试，如图 5-10 所示，(R, Z) 分别为 $(0mm, 210mm)$，$(D/2, -150mm)$，$(D/2, 0mm)$，$(D/2, 210mm)$，其中 $D=500mm$。

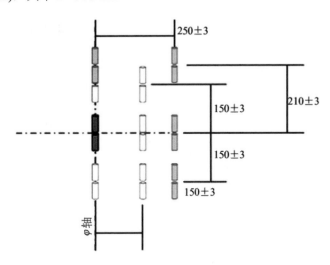

图 5-10　笔记本电脑类型被测设备的额外 φ 轴纹波测试位置

2）θ 轴纹波测试

θ 轴纹波测试的静区是一个直径为 300mm 的球。探测天线平行于 θ 轴，共测量 7 个位置，每个测试点偏离笛卡儿轴 150mm。在每个测试点，测量天线固定在 $\varphi=0°$ 位置，θ 轴从 −165° 旋转到 165°，或者测量天线分别在 $\varphi=0°$ 和 $\varphi=180°$ 位置，θ 从 1° 旋转到 165°，测试两次。用 (X,Y,Z) 表示各测试点的位置，如图 5-11

所示。

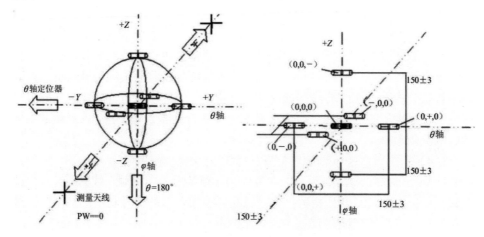

图 5-11 全电波暗室 θ 轴纹波测试示意图

对所有测试频率上进行 θ 轴纹波测试，测试步骤如下。

（1）测量天线固定在 $\varphi=0°$ 的位置并与静区中心在同一水平线上。测量天线与探测天线之间的距离与实际测量时相同，并大于远场测试距离的要求。测量天线与探测天线为相同极化。

（2）如果 θ 轴定位器活动范围小于±165°，可以将测量天线分别置于 $\varphi=0°$ 和 $\varphi=180°$ 进行两次测试，用低介电常数的绝缘支撑物固定探测天线，确保探测天线与 θ 轴平行。θ 极化测试用环探测天线，φ 极化测试用偶极子探测天线。对于分为 $\varphi=0°$ 和 $\varphi=180°$ 两次测试的情况，电缆和探测天线布置应该保持相同。

（3）用射频电缆连接信号源（或网络分析仪）与探测天线，根据测试频率设置信号源（或网络分析仪）的输出频率，根据接收机（或网络分析仪）的测量范围设置信号源（或网络分析仪）的输出幅度。将测量天线与接收机（或网络分析仪）相连，在纹波测试过程中，接收机（或网络分析仪）接收到的信号强度应至少大于本底噪声40dB。所有的电缆应合理布置和连接，以把对测量结果的影响降到最小。

（4）探测天线绕 θ 轴旋转330°（或两个164°），每2°记录一个测量值，共记录165个数据点。

（5）记录测试结果，记录的参数包括：测量天线和探测天线的距离；电缆损耗和其他损耗；探测天线输入口的信号功率；接收机的噪声电平。

（6）在7个测试位置、2个极化方向上分别重复步骤（1）～（5）。

（7）对于笔记本类型的设备，还应增加5个额外位置的 θ 轴纹波测试，如图 5-12 所示，(X,Y,Z) 分别为 $(\pm D/2,0,0)$，$(0,\pm D/2,0)$，$(0,0,210mm)$，其中 $D=500mm$。

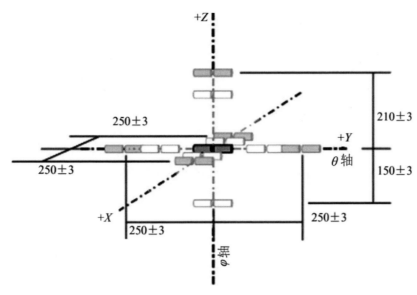

图 5-12　笔记本电脑类型被测设备额外 θ 轴纹波测试位置

3）φ 轴纹波测试和 θ 轴纹波测试的修改

在实际进行纹波测试的过程中，当用实际定位器进行以上测试时，用于固定被测设备或人头模型的支撑物可能阻挡某些测试点。为了在这种情况下进行测试，可以对上面的测试方法稍作修改，下面给出了可以进行修改的部分，如果可能，应尽量减少对测试方法的修改。

（1）自由空间纹波测试时，可以除去部分 φ 轴旋转的支撑物。测试者应证明相对于保留的支撑物，除去的部分支撑物对纹波测试产生的影响可以忽略。

（2）对介电常数小于 1.2 的支撑材料，可以离静区的最大距离为 250mm，即离测试中心 400mm。

（3）用于连接固定人头模型的适配器，如果厚度不大于 13mm，介电常数小于 4.5，可以认为是人头部模型的一部分，在纹波测试时可以与人头部模型同时除去。

（4）对于 φ 轴纹波测试，机械装置可能阻挡探测天线绕 φ 轴旋转，可以将 φ 轴定位结构移到静区以外，移动距离为满足(+250mm,–150mm)位置测试的最小距离。

（5）为了避免近场效应对纹波测试的影响，任何介电常数大于 1.2 的支撑材料离天线的物理表面任何点的最小距离大于 75mm。当在带有人头部模型卡具进行 θ 轴测试时，环天线和偶极子天线可能与人头部模型支撑物有物理接触，这对于测试结果影响很大。为此，可以将与支撑结构距离最近的测试点(0,0,–150mm)用以下几种方法中的一个来代替，按优先选择的顺序排列：① 用

(0,+150mm,−150mm) 和 (0,−150mm,−150mm) 两 点 的 测 量 结 果 最 大 值 代 替 (0,0,−150mm)的测试结果；② 用(+150mm,0,−150mm)和(−150mm,0,−150mm)两点的测量结果最大值代替(0,0,−150mm)的测试结果；③ 将 φ 轴定位器从静区中移开，直到和探测天线的距离满足 75mm 的最小距离为止。

（6）当 θ 轴或者 φ 轴的最小步进无法满足 2° 的测试间隔要求时，可以使用更大的、但不超过 15° 的测试间隔。当测试间隔大于 2° 时，在 150mm 静区内需要按下述顺序增加纹波测试点：① 计算所使用的测试角间隔与 2° 的比；② 将此比值进位约为整数；③ 用 150mm 除以此整数，并将结果四舍五入到其最接近的 5mm 的整数倍数；④ 从静区中心开始，按照上一步骤中计算结果为步长，沿各个坐标轴移动选定各个测试点，最外侧测试点距离静区中心应为 150mm。

（7）当 θ 轴或者 ϕ 轴的最小步进无法满足 2° 的测试间隔要求时，可以使用更大的、但不超过 15° 的测试间隔。当测试间隔大于 2° 时，在 150mm 静区外需要按下述顺序增加纹波测试点：① 计算所使用的测试角间隔与 2° 的比；② 将此比值进位约为整数；③ 将此整数乘以 0.4；④ 将上一步骤中计算结果进位约为整数；⑤ 用 100mm 除以此整数，并将结果四舍五入到其最接近的 5mm 的整数倍数值上；⑥ 从各个坐标轴上 150mm 开始，以上一步骤中计算结果为步长，沿各个坐标轴向静区外侧方向移动选定各个测试点，在 X 轴与 Y 轴上最后一个测试点距离静区中心应为 250mm，在+Z 轴上最后一个测试点距离静区中心应为 210mm。

在纹波测试中，在不同测试点上随着 θ 轴或者 ϕ 轴的旋转，测量天线与参考天线（环天线或偶极子天线）的间距随之变化，因此需要考虑到电磁波在不同距离上的传输损耗不同，而对测试结果进行相应修正。修正过程中仅考虑测量天线与参考天线在水平面内投影的间距，不考虑两者在垂直维度上的位置变化对测试结果的影响。

纹波结果修正步骤如下。

（1）定义测量天线与参考天线旋转轴之间水平面内间距为 l。

（2）定义参考天线旋转半径为 r。

（3）定义参考天线与测量天线最接近的方位角为 0°，而两者距离最远时的方位为 180°，以此为基础定义参考天线的方位角为 α。

（4）根据余弦定理，计算测量天线与参考天线在水平面内投影的间距为：

$$d = \sqrt{r^2 + l^2 - 2rl\cos(\alpha)} \tag{5-3}$$

（5）根据下式对测试结果进行修正

$$P_{adj} = P_{meas} + 20\lg\left(\frac{d}{l}\right) \tag{5-4}$$

式中：P_{adj} 为修正后结果（dBm）；P_{meas} 为实测结果（dBm）。

3．全电波测试系统不确定度分析

进行终端天线辐射性能指标测试时，整个测量系统不确定度主要根据表 5-2 所示的因素进行分析。要求测试系统的总扩展不确定度除人头部加人手状态外，在各个测试状态下均小于 2.0dB，对人头部加人手状态下其总扩展不确定度小于 2.4dB。

表 5-2　全电波暗室终端天线辐射性能测试系统不确定度因素

不确定度因素
1．被测设备测量部分
接收端失配：即接收设备和测量天线间失配
测量天线电缆因子：测量天线电缆对测试的影响
插入损耗：测量天线电缆
插入损耗：测量天线端衰减器（若存在）
接收设备：测量绝对值的不确定度
天线：测量天线增益
测量距离： ——被测设备相位中心与旋转轴中心的偏差 ——被测设备对测量天线阻塞影响 • 电压驻波比 • 暗室驻波 ——被测设备的相位曲率
静区内纹波对测量结果的影响
测试中环境温度影响
人头部、手模型的不确定度
人头部、手模型固定装置的不确定度
被测设备的定位不确定度
随机不确定度
笔记本电脑测量的不确定度
2．路径损耗测量部分
发送端失配：（即信号源与校准参考天线间失配）
接收端失配：（即接收设备和测量天线间失配）
信号源：绝对输出电平和稳定度
校准参考天线电缆因子：校准参考天线电缆对测试的影响

续表

测量天线电缆因子：测量天线电缆对测试的影响
插入损耗：校准参考天线电缆
插入损耗：测量天线电缆
插入损耗：校准参考天线端衰减器（若存在）
插入损耗：测量天线端衰减器（若存在）
接收设备：测量绝对值的不确定度
测量距离：校准参考天线相位中心与旋转中心的偏差
静区内纹波对测量结果的影响
天线：校准参考天线增益
天线：测量天线增益

进行终端天线接收性能指标测试时，整个测量系统不确定度主要根据表 5-3 所示的因素进行分析。要求测试系统的总扩展不确定度除人头部加人手状态外，在各个测试状态下均小于 2.25dB，对人头部加人手状态下其总扩展不确定度小于 2.6dB。

表 5-3　全电波暗室终端天线接收性能测试系统不确定度因素

不确定度因素
1．被测设备测量部分
发送端失配（即基站模拟器与测量天线间失配）
基站模拟器：绝对输出电平和稳定度
测量天线电缆因子：测量天线电缆对测试的影响
插入损耗：测量天线电缆
插入损耗：测量天线端衰减器（若存在）
灵敏度搜索步长对测量结果的影响
测试中环境温度影响
测量距离： ——被测设备相位中心与旋转轴中心的偏差 ——被测设备对测量天线阻塞影响 •　电压驻波比 •　暗室驻波 ——被测设备的相位曲率
静区内纹波对测量结果的影响
天线：测量天线增益
人头部、人手模型的不确定度
人头部、人手模型固定装置的不确定度

续表

被测设备的定位不确定度
空间网格粗略取点对测试结果的影响
随机不确定度
笔记本电脑测量的不确定度
2．路径损耗测量部分
发送端失配：（即信号源与校准参考天线间失配）
接收端失配：（即接收设备和测量天线间失配）
信号源：绝对输出电平和稳定度
校准参考天线电缆因子：校准参考天线电缆对测试的影响
测量天线电缆因子：测量天线电缆对测试的影响
插入损耗：校准参考天线电缆
插入损耗：测量天线电缆
插入损耗：校准参考天线端衰减器（若存在）
插入损耗：测量天线端衰减器（若存在）
接收设备：测量绝对值的不确定度
测量距离：校准参考天线相位中心与旋转中心的偏差
静区内纹波对测量结果的影响
天线：校准参考天线增益
天线：测量天线增益

5.2.3　混响室法

混响室法是电磁兼容、移动通信等领域常用的标准测试方法。混响室是一个内部由高导电金属材料制成的暗室，相对较小的功率就能在混响室中产生大场强，配合机械搅拌桨的转动，能在内部空间中产生空间均匀、各向同性、随机极化的电磁环境。由于在日常生活中，如终端等电子设备的使用通常处在复杂的环境中，电磁波的来波方向、来波幅度及相位不定，而混响室能够模拟这种复杂的电磁环境，以其独特的优势应用于电磁兼容辐射发射和辐射抗扰度测试，以及天线效率测试等领域。

通常情况下，混响室组成示意图和实物图如图 5-13 和图 5-14 所示。

1．系统校准

使用混响室进行测试时，同样也需要进行系统校准测量混响室的参考功率传递函数、连接测量天线与测试仪表间的线缆损耗，并使用校准结果对测试仪表的读数结果进行运算处理，从而得到正确的性能测试结果。

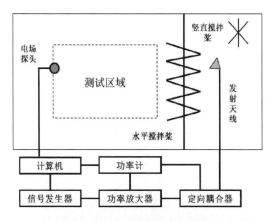

图 5-13　混响室组成示意图

图 5-14　混响室实物图

　　一般混响室内应配置校准天线，在配置校准天线位置时，校准天线与混响室内其他部件间需要保持足够的距离，推荐的最小距离要求如表 5-4 所示。

表 5-4　混响室系统中被测设备与混响室各部件间推荐最小距离

混响室腔体内部件	与被测设备间的推荐最小距离（波长）
电磁反射物（校准天线、测量天线、搅拌器、金属腔体墙面等）	0.5
吸波材料	0.7

　　下面介绍使用网络分析仪的典型系统校准方法。

　　混响室系统校准主要测量混响室平均功率传递函数，测量天线的失配，以及连接测量仪表和测量天线的电缆路径损耗。一般地，混响室的校准采用如下步骤，如图 5-15 所示为混响室系统校准的典型连接示意图。

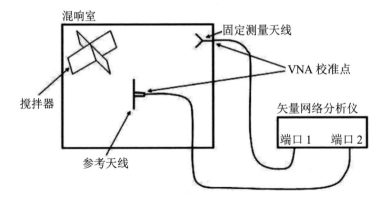

图 5-15　混响室系统校准的典型连接示意图

（1）针对一个完整的搅拌序列测量混响室的 S 参数。

（2）计算混响室参考传递函数。

（3）测量连接电缆插入损耗。

1）混响室 S 参数的测量

为了确定混响室参考传递函数，应首先针对一个完整的搅拌序列测量混响室的 S 参数。

如果混响室内装填物品及设备发生变化，应重新进行混响室 S 参数的测量。推荐测试步骤如下。

（1）配置混响室内部，使其在测试时一致，包括人头、人手模型以及被测设备夹具等。如果被测设备尺寸较大或是配有许多天线，被测设备本身也应视为混响室内有效装填物的一部分。在校准过程中，该被测设备也应放入混响室并开机。

（2）将校准天线放入混响室内，应尽量使用低损耗绝缘体夹具来固定校准天线以避免夹具对测量精度的影响。校准天线与混响室内其他物品间应保证足够大的距离。对于偶极子天线等低增益全向天线，一般 0.5 个波长的距离是足够的；更具方向性的天线建议朝向混响室中心。除了校准测量，在终端天线性能测量中，校准天线也应处于混响室内。校准天线位置应尽可能接近测试过程中的测试区域。

（3）使用网络分析仪扫频测量频段内各个频点上校准天线与测量天线之间的矢量 S 参数。

（4）针对搅拌序列中每一个搅拌位置和每一个测量天线重复步骤（3），测量其相应的 S 参数。

搅拌序列中搅拌位置数应足够大以降低测量不确定度，搅拌位置数一般不应低于 100 个，建议使用 200～400 个。搅拌器的移动可以是步进式的（网络分析仪测量时停下搅拌器）或是连续式的（在搅拌器行进中进行测量），但是在连续采样方式下，难以对较宽频段范围同时进行 S 参数测量。

2）混响室参考传递函数的计算

根据上述测得的 S 参数，可以计算第 N 根测量天线的反射系数为

$$R_n = \left| \frac{1}{M} \sum_{m=1}^{M} S_{11,n,m} \right|^2 = \left| \overline{S_{11,n}} \right|^2 \tag{5-5}$$

式中：M 为每个测量天线上测试采样点数（即搅拌序列中搅拌位置数）；$S_{11,n,m}$ 为第 n 根天线第 m 个采样点上测量得到的 S_{11} 结果。

同样的，可以计算得到混响室参考传递参数为

$$R_{\mathrm{ref},n} = \frac{1}{M} \sum_{m=1}^{M} \frac{\left| S_{21,n,m} \right|^2}{\left(1 - R_n\right)\left(1 - \left| \overline{S_{22}} \right|^2\right)} \cdot \frac{1}{e_{\mathrm{ref}}} \tag{5-6}$$

式中：$S_{21,n,m}$ 为第 n 根天线第 m 个采样点上测量得到的 S_{21} 结果；$\overline{S_{22}}$ 为校准天线反射系数的复平均；e_{ref} 为校准天线辐射效率。

注意，上述公式中并未对测量天线的辐射效率进行校正，这是因为它在系统校准和终端天线性能测量阶段是相同的。因此测量天线的辐射效率不会影响测试结果。测量天线的失配因子也是同样的，但是如果系统采用了频率搅拌以提高精度，那么对该失配因子进行校正仍有益于提高系统精度。

3）混响室线缆损耗校准

同全电波暗室一样，混响室也需要对测试线缆进行线缆损耗校准，校准同样采用网络分析仪测量连接测量天线与测试仪表的线缆插损。

2. 混响室测试系统不确定度分析

使用混响室测试系统进行终端天线辐射性能指标测试时，整个测量系统不确定度主要根据表 5-5 所示的因素进行分析。要求测试系统的总扩展不确定度除人头部加人手状态外，在各个测试状态下均小于 2.0dB，对人头部加人手状态下其总扩展不确定度小于 2.4dB。

表 5-5　混响室终端天线辐射性能测试系统不确定度因素

不确定度因素
1．被测设备测量部分
接收端失配：（即接收设备和测量天线间失配）
插入损耗：测量天线电缆
测量天线电缆因子：测量天线电缆对测试的影响
天线：测量天线增益
接收设备：测量绝对值的不确定度
混响室统计重复性
被测设备外壳导致的额外功率损耗

续表

人头部、人手模型的不确定度
被测设备的定位不确定度
随机不确定度
笔记本电脑测量的不确定度
2. 校准测量部分
信号源：绝对输出电平和稳定度
接收设备：测量绝对值的不确定度
接收端失配：（即接收设备和测量天线间失配）
插入损耗：测量天线电缆
发送端失配：（即信号源与校准参考天线间失配）
校准参考天线电缆因子：校准参考天线电缆对测试的影响
测量天线电缆因子：测量天线电缆对测试的影响
天线：校准参考天线增益
天线：测量天线增益
混响室统计纹波和重复性

使用混响室测试系统进行终端天线接收性能指标测试时，整个测量系统不确定度主要根据表 5-6 所示的因素进行分析。要求测试系统的总扩展不确定度除人头部加人手状态外，在各个测试状态下均小于 2.25dB，对人头部加人手状态下其总扩展不确定度小于 2.6dB。

表 5-6　混响室终端天线接收性能测试系统不确定度因素

不确定度因素
1. 被测设备测量部分
发送端失配（即基站模拟器与测量天线间失配）
插入损耗：测量天线电缆
测量天线电缆因子：测量天线电缆对测试的影响
天线：测量天线增益
不确定性因素
基站模拟器：绝对输出电平和稳定度
灵敏度搜索步长对测量结果的影响
混响室统计重复性
被测设备外壳导致的额外功率损耗
人头部、人手模型的不确定度
被测设备定位不确定度
随机不确定度
笔记本电脑测量的不确定度

续表

2. 校准测量部分
信号源：绝对输出电平和稳定度
接收设备：测量绝对值的不确定度
接收端失配：（即接收设备和测量天线间失配）
插入损耗：测量天线电缆
发送端失配：（即信号源与校准参考天线间失配）
校准参考天线电缆因子：校准参考天线电缆对测试的影响
测量天线电缆因子：测量天线电缆对测试的影响
天线：校准参考天线增益
天线：测量天线增益
混响室统计纹波和重复性

5.2.4 实际测试场景

针对实际使用场景，测试分为不同的状态包括自由空间、人头部加人手模型、人手模型、手腕模型等，如图 5-16（a）～图 5-16（d）所示，图 5-16（e）、图 5-16（f）为实际测试中常见的平板电脑和笔记本电脑。

（a）自由空间

（b）人头部加人手模型

（c）人手模型

（d）手臂模型

图 5-16 SISO OTA 典型测试场景

（e）平板电脑　　　　　　　　　　　（f）笔记本电脑

图 5-16　SISO OTA 典型测试场景（续）

按照标准的定义，不同类型的终端设备，其实际测试的场景和测试情况也存在不同之处。表 5-7 展示了终端设备的常见分类方式。

表 5-7　终端设备分类与测试状态规定

设 备 类 型		描　　述	测 试 状 态
便携无线终端	A 类　仅支持语音的手持便携无线终端	其手持无线终端包含仅支持语音功能的无线模块	自由空间，仅人头部模型，人头部和人手模型
	B 类　仅支持数据的手持便携无线终端	其手持无线终端包含仅支持数据功能的无线模块	自由空间，仅人手模型
	C 类　支持语音和数据的手持便携无线终端	其手持无线终端包含支持语音和数据功能的无线模块	自由空间，仅人头部模型，人头部和人手模型，仅人手模型
无线数据终端	D 类　仅支持数据的外插式无线数据终端	其无线数据终端无法独立工作，需外插入驱动载体工作。其统一体视为被测设备	自由空间（笔记本电脑地线面模型）
	E 类　支持语音或数据的内置式无线数据终端	其无线数据模块需内置于驱动载体工作，例如笔记本电脑、平板电脑以及便携式宽带无线装置（MiFi）等。其统一体视为被测设备	自由空间

根据被测设备的分类，分别在以下几种情况进行测试。

1．自由空间

按表 5-7 中对被测设备的分类，A、B、C、D、E 类被测设备均需要进行自由空间下的测试。被测设备置于转台上方，对于 A、B、C 类被测设备，三维旋转轴的中心为被测设备听筒位置；对于 D 和 E 类被测设备，三维旋转轴的中心为被测设备三维几何中心。直板式与折叠式无线终端在自由空间测试条件下的坐标系统示意如图 5-17 所示。其中，无线终端纵向长轴为 Z 轴，屏幕面向+X

轴方向，右手法则定义 Y 轴。

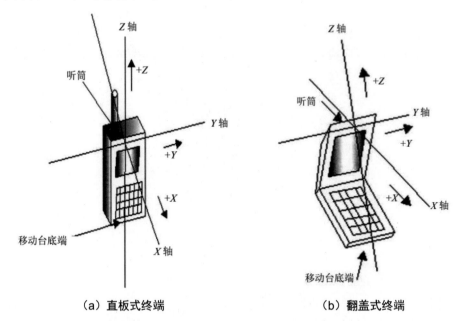

（a）直板式终端　　　　　　　（b）翻盖式终端

图 5-17　A、B、C 类终端自由空间测试坐标系统

2. 仅人头部模型

按表 5-7 中对被测设备的分类，A 与 C 类被测设备需要进行人头部模型下的测试。人头部模型置于转台上方，被测设备紧贴人头部模型。由于被测设备在人头部模型的左右耳两种情况下测量的数据可能不同，所以本部分要求在两种情况下分别测试，图 5-18 所示为被测设备置于人头部模型上时的坐标系统，此时+Z 轴指向人头部模型顶部，右手法则定义+X 和+Y 轴，+Y 轴由左耳穿出，如图 5-18 中实线所示（图中 RE 表示右耳，LE 表示左耳）。

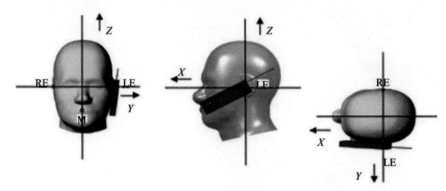

图 5-18　人头部模型坐标系统

在进行人头部模型测试时,通常使用组织模拟液近似模拟实际的人体状态,测试过程中尽量避免测试耳在最顶部情形,在此情况下,若人头部模型中含有气泡,极有可能得到错误的结果。人头部模型中应填满组织液以排除气泡,本部分规定每周至少应检查一次组织液的状态,在人头部模型长时间水平放置后,所有气泡汇聚以后直径应小于 2cm。

3．人头部和人手模型

按表 5-7 对被测设备的分类,A 与 C 类被测设备需要进行人头部加人手模型的测试。本部分要求在人头部右耳加右手、人头部左耳加左手两种情况下分别进行测试。

人头部模型置于转台上方,被测设备放置在相应的人手模型里,然后置于人头部模型上,要求被测设备与人头部模型的脸颊夹角为 6°。人头部和人手模型的坐标系统定义与仅人头部模型相同。

4．仅人手模型

按表 5-7 对被测设备的分类,B 与 C 类被测设备需要进行仅人手模型的测试。本部分要求在右手模型、左手模型两种情况下分别进行测试。将被测设备置于相应的人手模型里并偏离垂直面 45°。图 5-19 所示为仅人手模型测试场景下的坐标系统示意图,其中,L 线与显示屏垂直并穿过其中点,M 线平行于显示屏水平轴,M 线与 L 线相交于显示屏的中点。定义显示屏的中点为坐标原点,$+Y$ 轴沿 M 线指向无线终端右侧,$+X$ 轴指向显示屏上方,并在 L 线下方与其成 45°。$+Z$ 轴指向显示屏上方,并在 L 线上方与其成 45°。

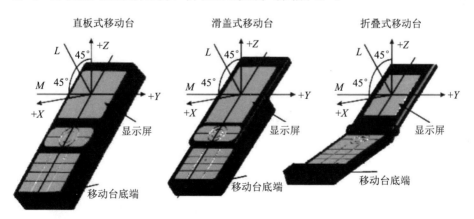

图 5-19　仅人手模型的坐标系统

5．笔记本电脑类模型

笔记本电脑或平板电脑不需要便携移动使用,也不推荐直接放在膝上使用,因此被测设备将在自由空间测试。其种类按表 5-7 规定主要分为 D 类被测设备（如 USB 数据卡）和 E 类被测设备（如上网本和平板电脑）。按不同的被测设备种类，定位系统分别规定如下。

1）数据模块内嵌式终端

此类终端主要为包含内嵌式数据模块的笔记本电脑与平板电脑等类型的终端。此类被测设备应在空闲模式测试并且采用如下设置，被测设备制造商应提供说明如何将被测设备设置为此状态。

（1）对于笔记本电脑，显示器 LCD 前端与水平底座夹角为110°±5°，或是厂家锁定的接近110°的位置；对于平板电脑以及 MiFi 类终端，其显示器与 XY 平面平行。

（2）除所测试的无线模块外，关闭其他嵌入式模块，如无线局域网模块和蓝牙模块等。

（3）电源管理设置中，电脑屏幕保护设置为"无"，设置从不关闭显示器、从不关闭硬件、从不系统休眠以及从不系统待机。

（4）显示器 LCD 背光强度设置为中等，即 50%或相当于 50%的强度，关闭环境光传感器。

（5）关闭键盘背景灯。

（6）使用标准电池供电。

（7）关闭 CPU 和总线时钟频率的动态控制或节能模式。

（8）可伸缩天线的被测设备只需在天线厂家推荐的配置下进行测试。

在全电波暗室内进行摆放时，为了减小测试中被测设备所占的物理体积，旋转中心应为被测设备三维几何中心。如果是打开的笔记本电脑，旋转中心一般是键盘之上、显示器之前的空间中一点。下面介绍笔记本电脑和平板电脑两种被测设备的定位方法，这种定位方法已经被证明在每个维度±10mm 长度范围内可重复定位。对于分布轴系统，该流程假设暗室中具有激光十字准线系统。激光需要有垂直和水平光束，光束交点穿过暗室坐标轴原点。对于组合轴系统，不需要激光定位设备，因为底座组件限制了被测设备可能放置的维度。当笔记本电脑合理放置在底座上时，φ 和 θ 旋转轴精确地交会在 θ 转台中心之上的一点。可利用铅垂线或多轴激光定位器使被测设备与转台上 θ 轴对齐。

对于笔记本电脑类的被测设备，被测设备的参考平面定义为被测设备机身水平底座平面。该平面与暗室 φ 轴垂直。将被测设备摆放到暗室中，将笔记本电脑放在水平平面上并打开，调整 LCD 显示器和水平面夹角为110°，定位并标出点 A 到 H，点 H 位于 AB 连线和 DE 连线的交点上，在 LCD 表面。笔记本电脑在全电波暗室中定位方法如图 5-20 所示。

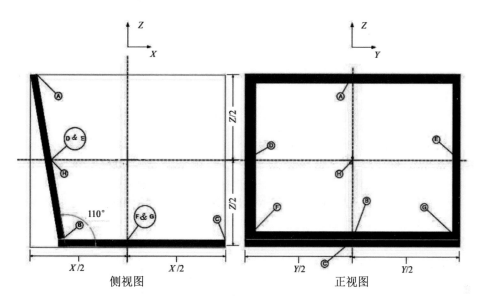

侧视图　　　　　　　　　　　　正视图

图 5-20　笔记本电脑在全电波暗室中定位方法

对于分布轴暗室，将笔记本电脑放在转台中心基座上，被测设备屏幕的+Z 轴朝向 $\varphi=0°$，$\theta=0°$方向。假设暗室激光十字准线系统指向 $\varphi=270°$，$\theta=90°$方向，转动转台到 $\varphi=270°$位置。调整转台高度，使十字准线的水平光束交于 H 点。然后，沿着 Y 轴方向调整笔记本电脑位置，使垂直光束穿过 A、B、C 和 H 点。转动转台回到 $\varphi=0°$位置，沿 X 轴调节笔记本电脑位置使垂直光束穿过 F 和 G 点。如果需要，可以在被测设备后面 F 点放一个物体以便观察垂直激光束的位置。转台回到 $\varphi=270°$的位置并重新检查对齐。如果需要可重复。

对于组合轴暗室，将笔记本电脑机身固定在 φ 轴卡具上，使得 φ 旋转轴处于 BC 连线和 FG 连线的交点中心。这个交点清楚地标识在笔记本电脑上，不需要特殊辅助也可以完成这个步骤。绕 φ 轴旋转被测设备直到笔记本电脑的+X 方向垂直向下（显示器面朝下）。沿着 φ 轴方向调节底座直到 H 点与 θ 轴对准，θ 轴可经铅垂线或激光定位器验得。

对于平板电脑和 MiFi 等类型的被测设备，假设显示器朝向+Z 方向，+X 方向指向预期的用户位置。由于这类设备常常支持多个显示方向，制造商应指明假设的被测设备参考坐标系。在将被测设备放置入暗室之前，定位并标识点 A～K 等一系列辅助定位点，如图 5-21 所示。

对于分布轴暗室，将平板电脑放置在转台中心基座上，将被测设备+Z 轴朝向 $\varphi=0°$，$\theta=0°$方向。假设暗室激光十字准线系统置于 $\varphi=270°$，$\theta=90°$方向，调节平板电脑高度使十字准线水平光束交于 B 点。沿着被测设备 X 轴调整其位置，使垂直激光束交于 A、B、C 和 J 点。如果需要，放置一个物体于被测设备后面 J 点以便观察垂直激光束的位置。转动转台到 $\varphi=90°$ 位置并沿着被测设备的 Y 轴调节平板电脑使垂直激光束穿过 G、H、I 和 K 点。如果需要，放置一个物体到被测设备之后的 K 点以便观察垂直激光束的位置。转台回到 $\varphi=0°$ 位置，重新检查对准。如需要则重复上述步骤。

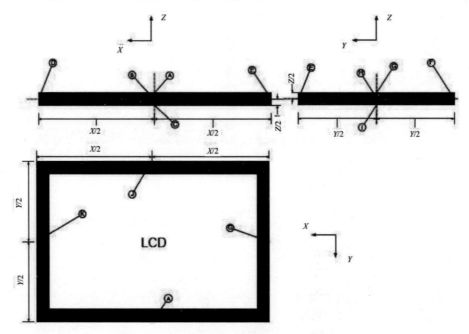

图 5-21　平板电脑在全电波暗室中的定位方法

对于组合轴暗室，将被测设备机身固定在 φ 轴卡具上，使 φ 旋转轴中心位于 AJ 连线和 GK 连线的交点上。这个交点清楚地标识在笔记本电脑上，不需要特殊辅助也可以完成这个步骤。绕 φ 轴旋转被测设备直到平板 Y 方向垂直向下。沿着 φ 轴调整底座直到点 B 与 θ 轴对齐，θ 轴可通过铅垂线或激光定位器校准。绕 φ 轴旋转被测设备直到平板 X 方向垂直向上。利用铅垂线或激光定位器验证点 H 与 θ 轴对齐。如需要则重复上述步骤。

2）数据模块外插于笔记本电脑类终端

此类终端主要为需要外插在笔记本电脑上使用的数据模块终端，如 USB 数据卡等。由于此类终端必须配合笔记本电脑使用，为避免笔记本电脑对被测设备测试结果的影响，本部分定义标准参考笔记本电脑地线面模型，将数据模块直接插到标准参考笔记本电脑地线面模型中，其组合体视为待测物。笔记本电脑地线面模型如图 5-22 所示，具体技术要求如下。

（1）一个长方形面板，其上表面覆盖导电体，为 FR-4 copper-clad 板。用于模拟主板。具体尺寸 345mm×238mm×4mm。

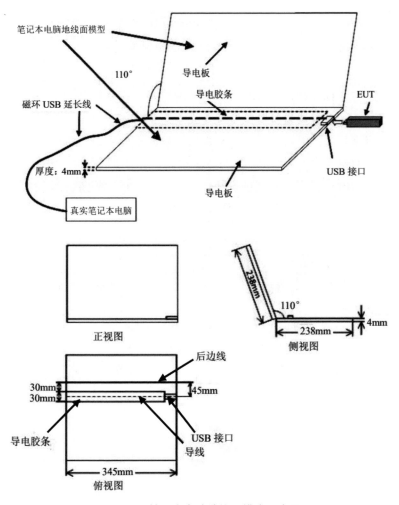

图 5-22　笔记本电脑地线面模式示意图

（2）两个导电的长方形面板良好地连接在一起。其张角为110°。

（3）水平 USB 插孔设置在长方形的短边上。并且位置在右后方，其 USB 插孔中心轴距离底边为 45mm。USB 插孔的地线和导电面板良好连接。

（4）一根 USB 延长线连接笔记本电脑地线面模型，长 3m，且用 1/4 波长的磁环套入。此延长线将用金属网包围且与长方形板共地。

笔记本电脑地线面模型具体定位方法与前述笔记本电脑定位方法一致。

5.2.5　测试方法

本节介绍 CCSA、CTIA 对于 5G FR1 独立组网模式和 NR FR1 与 LTE 双连接模式两种情况下射频辐射功率和接收机性能测量的方法。

1. 5G FR1 独立组网模式射频辐射功率测量

1）CCSA

CCSA 行业标准根据国内频段划分情况以及运营商的实际需求制定测试频段的配置参数。根据终端厂商、芯片厂商与运营商等产业界各方达成的一致意见，独立组网模式的射频辐射功率测量需在被测设备所支持的频段内选择对应的信道进行测试，表 5-8 给出了部分 5G FR1 频段的信道参数的选择情况示例，其他许可的频段按照相同原则进行选择。实际测试频段范围以国家无线电管理委员会的规定、中国运营商实际使用范围为准。

表 5-8   5G FR1 独立组网模式射频辐射功率测试信道列表

频段	上行/下行信道号	信道带宽/MHz	子载波间隔/kHz	上行调制格式	载波频率/MHz	上行资源块配置	下行资源块配置
频段 n41	513000				2565	24@12	N/A
	519000				2595	24@125	N/A
	525000				2625	24@237	N/A
频段 n78	630000	100	30	DFT-s-OFDM QPSK	3450	135@67	N/A
	636666				3549.99		N/A
频段 n79	723334				4850.01	24@12	N/A
						24@125	N/A
						24@ 237	N/A

注：下行资源块数以及下行资源块起始位置按 3GPP TS 38.521-1，6.2 中规定进行配置。频段 n78 上行参考测量信道按 3GPP TS 38.521-1 表 A.2.3.2-2 进行设置；下行参考测量信道按 3GPP TS 38.521-1 表 A.3.3.2-2 进行设置。

其中 n78 频段对应 5G FR1 典型的工作频段 3.5GHz，该频段 OTA 天线性能测试配置与国际标准化组织 3GPP 中相应传导测试配置保持一致。频段 n41、n79 是划分给中国移动的 2.6GHz 与 4.9GHz 频段，具体参数配置根据我国 5G 商用网络规划的实际需求而确定。

我国行业标准在 n41 频段的测试配置如表 5-8 所示，从运营商布网以及终端用户实际应用角度来看，该配置能够更好地评估终端工作在 n41 的 160MHz 带宽内不同频率位置处的网络性能，更加准确地评估宽频段下的性能一致性，更加符合我国现网的实际网络配置。n41 和 n79 射频辐射功率测试上行参考信道配置如表 5-9 所示。

表 5-9　n41 和 n79 射频辐射功率测试上行参考信道配置

参　　数	取　　值
带宽	100MHz
子载波间隔	30kHz
资源块	24
每时隙 OFDM 符号个数	11
调制方式	QPSK
MCS 索引	2
目标码率	1/6
信息位负载 （时隙 8,9,18,19）	1192b
CRC 校验	16b
LDPC 因子图	16
码块数 （时隙 8,9,18,19）	1
二进制信道位 （时隙 8, 9, 18,19）	6336b
调制信号个数 （时隙 8, 9, 18,19）	3168

注：1. PUSCH 采用映射类型 Type-A，DMRS 采用单符号 DMRS 配置 Type-1 及 2 个 DMRS 符号，因此 DMRS
符号位于 OFDM 符号位 2、7、11。DMRS 符号与 PUSCH 数据采用 TDM 方式轮发。

2. MCS 序列号参考 3GPP TS 38.214 表格 6.1.4.1-1。

3. 若大于 1 个码块，则每个码块需增加 L=24b 的 CRC 校验位。

　　完整的射频辐射功率测量应该包括被测设备所有可能的实际应用场景（如自由空间、人头部加人手模型等条件）及被测设备所支持的主机械模式（如天线可伸缩被测设备的天线拔出状态，翻盖、滑盖及屏幕可折叠被测设备的屏幕展开状态）进行所有信道的测试。设备类型见 YD/T 1484.1 附录 A。被测设备在规定频段所有测试信道的 5G FR1 独自组网总全向辐射功率测量结果的平均值和最小值不应低于行业标准制定的相应限值。

　　2）CTIA

　　根据北美 CTIA 的测试标准（CTIA 01.50），测量系统和被测设备的配置应符合 CTIA 01.71 的规定。应当使用经过校准且准确的射频测量仪器（如频谱分析仪、测量接收机或功率计）测量被测设备的辐射功率。

　　按照 3GPP TS 38.521-1，6.2 节（发射功率）配置 5G NR 无线通信综测仪及被测设备，使用 3GPP TS 38.521-1 及 3GPP TS 38.508 规定的默认设置。并使用 3GPP TS 38.521-1 的第 6.2.1 节（UE 最大输出功率）的测试程序和步骤测量被测设备的输出功率。

针对被测设备支持的所有频段，按照表 5-10 给出的信道的配置进行测试。

表 5-10　CTIA 终端测试信道配置

频段	配置号	信道带宽/MHz	子载波间隔/kHz	上行信道号	载波中心频率/MHz	上行资源块配置	下行资源块配置
n2[①]	1	10	15	371000	1855	25@12	N/A[②]
				376000	1880	25@12	N/A
				381000	1905	25@12	N/A
n5	1	10	15	165800	829	25@12	N/A
				167300	836.5	25@12	N/A
				168800	844	25@12	N/A
n25[①]	1	10	15	371000	1855	25@12	N/A
				376500	1882.5	25@12	N/A
				382000	1910	25@12	N/A
	2	20	15	372000	1860	50@25	N/A
				376500	1882.5	50@25	N/A
				381000	1905	50@25	N/A
n41	1	100	30	509202	2546.01	135@67	N/A
				518598	2592.99	135@67	N/A
				528000	2640	135@67	N/A
n66	1	10	15	343000	1715	25@12	N/A
				349000	1745	25@12	N/A
				355000	1775	25@12	N/A
	2	20	15	344000	1720	50@25	N/A
				349000	1745	50@25	N/A
				354000	1770	50@25	N/A
	3	40	15	346000	1730	108@54	N/A
				349000	1745	108@54	N/A
				352000	1760	108@54	N/A
n70	1	5	15	339500	1697.5	12@6	N/A
				341500	1707.5	12@6	N/A
	2	15	15	340500	1702.5	36@18	N/A
n71	1	10	15	133600	668	25@12	N/A
				136100	680.5	25@12	N/A
				138600	693	25@12	N/A
n78	1	60	30	622000	3330	81@40	N/A
				636666	3549.99	81@40	N/A
				651332	3769.98	81@40	N/A

续表

频段	配置号	信道带宽/MHz	子载波间隔/kHz	上行信道号	载波中心频率/MHz	上行资源块配置	下行资源块配置
	2	100	30	623334	3350.01	135@67	N/A
				636666	3549.99	135@67	N/A
				650000	3750	135@67	N/A

注：主机械模式是指按照制造商说明以首选模式配置的设备（通常指天线伸出、折叠或纵向滑动打开，但取决于设备类型）。

① 如果设备同时支持频段 n25 和 n2，则只需在频段 n25 完成测试。.

② 根据 3GPP TS 38.521-1 6.2.1 节（UE 最大输出功率）。

2．NR FR1 与 LTE 双连接模式射频辐射功率测量

1）CCSA

5G 商用初期，绝大多数 5G 终端支持非独立组网模式，即通过 5G FR1 与 LTE 的双连接实现 5G 网络通信。在该模式下，射频辐射功率的测量方式与独立组网模式的不同之处在于终端需要完成 LTE TIRP 和 NR TIRP 的测试。按照 3GPP TS 38.521-1 6.2.1 节与 3GPP TS 36.521-1 6.2.2 节，关于最大输出功率测量的定义中的参数分别配置 NR 基站模拟器与 LTE 基站模拟器，在被测设备与基站模拟器之间建立 NR FR1 与 LTE 双连接链接的环回测试模式。对于 LTE TIRP 和 NR TIRP 测试，终端既可以同时完成 LTE 与 NR 链路的 TIRP 指标测试，也可以使终端保持在统一状态下，先后测试 LTE 链路与 NR 链路的 TIRP 性能。

由于终端的总发射功率上限受到终端发射能力与法规、标准的限制，因此在 LTE 与 NR FR1 双连接模式下，LTE 链路与 NR 链路的发射功率受到总发射功率的限值。为了更好地评估 5G 终端天线辐射性能，在测量过程中可通过基站模拟器向被测设备发送功率控制指令，使得 LTE 链路以最大 20dBm 的功率发射（设置 P_{LTE}=20dBm），NR 链路以终端可实现的最大功率发射。此时，LTE 和 NR 同时进行上行发送，测试 NR TIRP 和 LTE TIRP，并不考虑最大功率回退（maximum power reduction，MPR）及额外最大功率回退（additional maximum power reduction，A-MPR）的配置影响。

在实际测试中，采用的测试频段范围以国家无线电管理委员会的规定、中国运营商实际使用范围为准。NR FR1 非独立组网射频辐射功率测试信道如表 5-11 所示。

表 5-11　NR FR1 非独立组网射频辐射功率测试信道列表

EN-DC 频段	LTE 频段	NR 频段	LTE 上行信道号	LTE 上行载波/MHz	NR 上行信道号	NR 上行载波/MHz
DC_1_n78	频段 1	频段 n78	18100	1930	630000	3450
			18300	1950	636666	3549.99
DC_3_n41	频段 3	频段 n41	19300	1720	513000	2565
			19575	1747.5	519000	2595
			19850	1775	525000	2625
DC_3_n78	频段 3	频段 n78	19850	1775	630000	3450
			19650	1755	636666	3549.99
DC_3_n79	频段 3	频段 n79	19300	1720	723334	4850.01
			19575	1747.5		
			19850	1775		
DC_5_n78	频段 5	频段 n78	20460	830	630000	3450
DC_8_n78	频段 8	频段 n78	21750	910	636666	3549.99
DC_39_n41	频段 39	频段 n41	38350	1890	513000	2565
			38450	1900	519000	2595
			38550	1910	525000	2625
DC_39_n79	频段 39	频段 79	38350	1890	723334	4850.01
			38450	1900		
			38550	1910		

注：1. LTE 频段测试信道具体配置按照 YD/T 1484.6 2014 中表 1、表 4 规定进行配置。

　　2. NR 频段测试信道具体配置按照本规范中表 1、表 2 规定进行配置。

　　3. 对于 LTE TDD（Time Division Duplex，时分双工）与 NR TDD 的 ENDC 频段，测试时需配置 LTE 延迟 2 个子帧或 NR 延迟 3 个子帧，保证测试周期内 LTE 与 NR 同时发送。

　　完整的射频辐射功率测量应该包括在被测设备所有可能的实际应用场景（如自由空间、人头部加人手模型等条件），以及被测设备支持的主机械模式（如翻盖被测设备的翻盖打开状态、滑盖被测设备的滑盖打开状态、天线可伸缩被测设备的天线拔出状态、屏幕可折叠手机的屏幕展开或折叠状态）进行所有信道的测试，测量 LTE 频段与 NR 频段的辐射功率。设备类型见 YD/T 1484.1 附录 A。

　　2）CTIA

　　北美 CTIA 测试标准仅适用于具有一个 LTE 载波和一个 NR 载波的 FR1 EN-DC 测试。EN-DC 模式定义为双连接模式中分配给 E-UTRA 和 NR 的特定频段组合。EN-DC 测试应针对双连接的 LTE 及 NR 分别进行测量。因此，本节所述的 EN-DC 测试提供了被测设备在 EN-DC 模式 LTE 及 NR 辐射发射功率的分别评估。

　　根据 CTIA 的测试标准（CTIA 01.50），测量系统和被测设备的配置应符合 CTIA 01.71 的规定。应当使用经过校准且准确的射频测量仪器（如频谱分析仪、测量接收机或功率计）测量被测设备的辐射功率。

　　按照 3GPP TS 38.521-3，6.2B.1 节（EN-DC 模式下 UE 最大输出功率）配置无线通信综测仪及被测设备，使用 3GPP TS 38.521-3 及 3GPP TS 38.508 规定的默认设置。并使用 3GPP TS 38.521-3 的 6.2B.1 节（EN-DC 模式下 UE 最大输出功率）的测试程序和步骤测量被测设备的输出功率。需要注意的是，CTIA 测试标准采用了与 3GPP 不同的输出功率设置：当通过 LTE TRP 测量 LTE 的最大输出功率时，NR 输出功率设置应最小化（即小于或等于 10dBm）；当通过 NR TRP 测量 NR 的最大输出功率时，LTE 输出功率设置应最小化（即小于或等于 10dBm）。当待测 EN-DC 终端的 LTE 工作于功率等级 1 或者功率等级 2，且测量 LTE 的最大输出功率时，IE（信息元素）p-Max 必须包含在 LTE 中，并根据 3GPP TS 36.521-1 的表 6.2.2_1.4-2 进行设置；否则，在（LTE 或 NR 的）测量中，无须发送 p-Max 指令。

　　测试中的可选项可以使用 LTE 和 NR 之间 50%的功率分配分别测量 LTE 和 NR 的方向图（EIRP），然后在 LTE 方向图的峰值处进行 LTE 最大输出功率测量（此时设置 NR 输出功率小于或等于 10dBm），在 NR 方向图的峰值处进行 NR 最大输出功率测量（此时设置 LTE 输出功率小于或等于 10dBm）。此时，LTE 和 NR 之间 50%的功率分配通过分别设置 p-MaxEUTRA-r15 及 p-NR-FR1 为 20dBm 实现。

　　按照标准规定，在被测设备支持的频段内，对不同的 5G FR1 EN-DC 频段组合和资源块（resource block，RB）配置分别进行测量，测试信道配置如表 5-12 所示。

　　对于支持多个发射天线的被测设备，应当按照 CTIA 01.01 的 2.1.5.1 节的规定配置被测设备并进行测试。

3. 5G FR1 独立组网接收机性能测量

　　对于 5G FR1 独立组网模式接收机性能测量，测试方法与 LTE 接收机灵敏度测试保持一致。通过基站模拟器控制被测设备以最大功率发射，记录被测设备达到最大吞吐量的 95%时，被测设备端下行链路的功率为该角下的接收机灵敏度。在测量中，测试的数据量应该足够多以保证块误码率测试结果的置信率大于 95%。按照 YD/T 1484.1 附录 H 中的规定，使用所有测试点的灵敏度测试值计算得到总全向辐射灵敏度 *TIRS*。

表 5-12 FR1 EN-DC 双连接频段组合与资源块配置

3GPP 双连接接频段组合	变量	上行配置	频段	CG/CC	CC 带宽 /MHz	子载波间隔 /kHz	总下行带宽 /MHz	总上行带宽 /MHz	载波聚合类型	是否允许上行单载波	LTE 下行信道	LTE 上行资源块分配	LTE 下行资源块分配	NR 上行信道	NR 上行资源块分配	NR 下行资源块分配
DC_2A_n5A	1	DC_2A_n5A	2	MCG/PCC	10	15	20	20	Inter-band EN-DC	No	18650	12 RB with Rbstart=0	N/A	165800	25@12	N/A
			n5	SCG/PCC	10	15					18900	12 RB with Rbstart=19	N/A	167300	25@12	N/A
											19150	12 RB with Rbstart=38	N/A	168800	25@12	N/A
DC_2A_n66A	1	DC_2A_n66A	2	MCG/PCC	10	15	20	20	Inter-band EN-DC	Yes	18650	12 RB with Rbstart=0	N/A	343000	25@12	N/A
			n66	SCG/PCC	10	15					18900	12 RB with Rbstart=19	N/A	349000	25@12	N/A
											19150	12 RB with Rbstart=38	N/A	355000	25@12	N/A
DC_2A_n71A	1	DC_2A_n71A	2	MCG/PCC	10	15	20	20	Inter-band EN-DC	No	18650	12 RB with Rbstart=0	N/A	133600	25@12	N/A
			n71	SCG/PCC	10	15					18900	12 RB with Rbstart=19	N/A	136100	25@12	N/A
											19150	12 RB with Rbstart=38	N/A	138600	25@12	N/A
DC_2A_n78A	1	DC_2A_n78A	2	MCG/PCC	10	15	70	70	Inter-band EN-DC	Yes	18650	12 RB with Rbstart=0	N/A	622000	81@40	N/A
			n78	SCG/PCC	60	30					18900	12 RB with Rbstart=19	N/A	636666	81@40	N/A

续表

3GPP 双连接频段组合	变量	上行配置	频段	CG/CC	CC 带宽/MHz	子载波间隔/kHz	总下行带宽/MHz	总上行带宽/MHz	载波聚合类型	是否允许上行单载波	LTE 下行信道	LTE 上行资源块分配	LTE 下行资源块分配	NR 上行信道	NR 上行资源块分配	NR 下行资源块分配
	2	DC_2A_n78A	2	MCG/PCC	10	15	110	110	Inter-band EN-DC		19150	12 RB with Rbstart=38	N/A	651332	81@40	N/A
			n78	SCG/PCC	100	30					18650	12 RB with Rbstart=0	N/A	623334	135@67	N/A
											18900	12 RB with Rbstart=19	N/A	636666	135@67	N/A
											19150	12 RB with Rbstart=38	N/A	650000	135@67	N/A
DC_5A_n66A	1	DC_5A_n66A	5	MCG/PCC	10	15	20	20	Inter-band EN-DC	Yes	20450	12 RB with Rbstart=38	N/A	343000	25@12	N/A
			n66	SCG/PCC	10	15					20525	12 RB with Rbstart=0	N/A	349000	25@12	N/A
											20600	12 RB with Rbstart=19	N/A	355000	25@12	N/A
DC_5A_n78A	1	DC_5A_n78A	5	MCG/PCC	10	15	70	70	Inter-band EN-DC	No	20450	12 RB with Rbstart=38	N/A	622000	81@40	N/A
			n78	SCG/PCC	60	30					20525	12 RB with Rbstart=0	N/A	636666	81@40	N/A
											20600	12 RB with Rbstart=19	N/A	651332	81@40	N/A
	2	DC_5A_n78A	5	MCG/PCC	10	15	110	110	Inter-band EN-DC		20450	12 RB with Rbstart=38	N/A	623334	135@67	N/A
			n78	SCG/PCC	100	30					20525	12 RB with Rbstart=19	N/A	636666	135@67	N/A

续表

3GPP 双连接频段组合	变量	上行配置	频段	CG/CC	CC 带宽/MHz	子载波间隔/kHz	总下行带宽/MHz	总上行带宽/MHz	载波聚合类型	是否允许上行单载波	LTE 下行信道	LTE 上行资源块分配	LTE 下行资源块分配	NR 上行信道	NR 上行资源块分配	NR 下行资源块分配
DC_7A_n78A	1	DC_7A_n78A	7	MCG/PCC	20	15	80	80	Inter-band EN-DC	No	20600	12 RB with RBstart=38	N/A	650000	135@67	N/A
											20850	18 RB with RBstart=0	N/A	622000	81@40	N/A
			n78	SCG/PCC	60	30					21100	18 RB with RBstart=41	N/A	636666	81@40	N/A
											21350	18 RB with RBstart=82	N/A	651332	81@40	N/A
	2	DC_7A_n78A	7	MCG/PCC	20	15	120	120	Inter-band EN-DC		20850	18 RB with RBstart=0	N/A	623334	135@67	N/A
											21100	18 RB with RBstart=41	N/A	636666	135@67	N/A
			n78	SCG/PCC	100	30					21350	18 RB with RBstart=82	N/A	650000	135@67	N/A
DC_12A_n66A	1	DC_12A_n66A	12	MCG/PCC	5	15	15	15	Inter-band EN-DC	No	23035	8 RB with RBstart=0	N/A	343000	25@12	N/A
			n66	SCG/PCC	10	15					23095	8 RB with RBstart=8	N/A	349000	25@12	N/A
											23155	8 RB with RBstart=17	N/A	355000	25@12	N/A
DC_13A_n2A	1	DC_13A_n2A	13	MCG/PCC	10	15	20	20	Inter-band EN-DC	No	23230	12 RB with RBstart=0	N/A	371000	25@12	N/A
			n2	SCG/PCC	10	15					23230	12 RB with RBstart=19	N/A	376000	25@12	N/A

续表

3GPP 双连接频段组合	变量	上行配置	频段	CG/CC	CC 带宽 /MHz	子载波间隔 /kHz	总下行带宽 /MHz	总上行带宽 /MHz	载波聚合类型	是否允许上行单载波	LTE 下行信道	LTE 上行资源块分配	LTE 下行资源块分配	NR 上行信道	NR 上行资源块分配	NR 下行资源块分配
DC_13A_n66A	1		13	MCG/PCC	10	15	20	20	Inter-band EN-DC	No	23230	12 RB with RBstart=38	N/A	381000	25@12	N/A
			n66	SCG/PCC	10	15					23230	12 RB with RBstart=0	N/A	343000	25@12	N/A
											23230	12 RB with RBstart=19	N/A	349000	25@12	N/A
											23230	12 RB with RBstart=38	N/A	355000	25@12	N/A
DC_66A_n2A	1		66	MCG/PCC	10	15	20	20	Inter-band EN-DC	Yes	132022	12 RB with RBstart=0	N/A	371000	25@12	N/A
			n2	SCG/PCC	10	15					132322	12 RB with RBstart=19	N/A	376000	25@12	N/A
											132622	12 RB with RBstart=38	N/A	381000	25@12	N/A
DC_66A_n5A	1		66	MCG/PCC	10	15	20	20	Inter-band EN-DC	Yes	132022	12 RB with RBstart=0	N/A	165800	25@12	N/A
			n5	SCG/PCC	10	15					132322	12 RB with RBstart=19	N/A	167300	25@12	N/A
											132622	12 RB with RBstart=38	N/A	168800	25@12	N/A
DC_66A_n71A	1		66	MCG/PCC	10	15	20	20	Inter-band EN-DC	No	132022	12 RB with RBstart=0	N/A	133600	25@12	N/A
			n71	SCG/PCC	10	15					132322	12 RB with RBstart=19	N/A	136100	25@12	N/A

续表

3GPP 双连接频段组合	变量	上行配置	频段	CG/CC	CC 带宽 /MHz	子载波间隔 /kHz	总下行带宽 /MHz	总上行带宽 /MHz	载波聚合类型	是否允许上行单载波	LTE 下行信道	LTE 上行资源块分配	LTE 下行资源块分配	NR 上行信道	NR 上行资源块分配	NR 下行资源块分配
DC_66A_n78A	1	DC_66A_n78A	66	MCG/PCC	10	15	70	70	Inter-band EN-DC	No	132622	12 RB with RBstart=38	N/A	138600	25@12	N/A
			n78	SCG/PCC	60	30					132022	12 RB with RBstart=0	N/A	622000	81@40	N/A
											132322	12 RB with RBstart=19	N/A	636666	81@40	N/A
											132622	12 RB with RBstart=38	N/A	651332	81@40	N/A
	2	DC_66A_n78A	66	MCG/PCC	10	15	110	110	Inter-band EN-DC		132022	12 RB with RBstart=0	N/A	623334	135@67	N/A
			n78	SCG/PCC	100	30					132322	12 RB with RBstart=19	N/A	636666	135@67	N/A
											132622	12 RB with RBstart=38	N/A	650000	135@67	N/A
DC_(n)71AA	1	DC_(n)71AA	71	MCG/PCC	10	15	20	20	Intra-band EN-DC	No	133272	12 RB with RBstart=19	N/A	133600	25@12	N/A
			n71	SCG/PCC	10	15					133197	12 RB with RBstart=19	N/A	136100	25@12	N/A
											133322	12 RB with RBstart=19	N/A	138600	25@12	N/A

注：1. 主机械模式是指根据制造商说明以首选模式配置的设备（通常是指天线扩展、折叠或纵向滑动打开，但取决于外形尺寸）。

2. 根据 3GPP TS 38.521-3 第 6.2B.1.1 节（频带内连续 EN-DC 模式）的 UE 最大输出功率。

3. 对于支持动态功率共享的被测设备，在测试过程中必须配置为双上行同时发射状态。对于不支持动态功率共享的被测设备，允许使用单上行发射状态。

　　在被测设备所支持的频段内选择对应的信道进行完整的 *TIRS* 测试。表 5-13 给出了部分 5G FR1 频段信道的选择情况示例，其他许可的频段按照相同原则进行选择。实际测试频段范围以国家无线电管理委员会的规定、中国运营商实际使用范围为准。

表 5-13　5G FR1 独立组网接收灵敏度测试信道列表

频　段	上行/下行信道号	信道带宽/MHz	子载波间隔/kHz	载波频率/MHz	上行资源块配置	下行资源块配置
频段 n41	513000			2565		
	525000			2625		
频段 n78	630000	100	30	3450	270@0	273@0
	636666			3549.99		
频段 n79	720000			4850		

注：上行资源块数以及上行资源块起始位置按 3GPP TS 38.521-1，7.3 节的规定进行配置。上行参考测量信道按 3GPP TS 38.521-1 的表 A.2.3.2-2 进行设置；下行参考测量信道按 3GPP TS 38.521-1 的表 A.3.3.2-2 进行设置。

　　完整的接收机灵敏度测量应该包括被测设备在以下两种测试指标的所有信道的测试：所有可能的实际应用场景（如自由空间、人头部模型等）、所支持的主机械模式（如天线可伸缩被测设备的天线拔出状态、翻盖被测设备或滑盖被测设备及屏幕可折叠被测设备的屏幕展开状态）。被测设备在规定频段所有信道的 5G FR1 独立组网模式的 *TIRS* 测量结果的平均值和最大值不应高于行业标准规定的相应限值。

4．5G FR1 与 LTE 双连接接收机性能测量

1）CCSA

　　接收机性能测量为多天线分集接收测试。若被测设备支持多根接收天线的分集接收，则测试中其多根接收天线需保持同时开启。

　　目前，TS38.521-1 已经完成了部分 5G Sub-6GHz 频段终端 *TIRS* 测试例的制定，测试配置如表 5-14 所示。

表 5-14　*TIRS* 测试配置

测 试 参 数				
测试ID	下行链路配置		上行链路配置	
	解　调	资源块分配	解　调	资源块分配
1	CP-OFDM QPSK	Full RB[1]	DFT-s-OFDM QPSK	REFSENS[2]

[1] 每个子载波与信道带宽应使用 Full RB（全资源块）分配，如 3GPP TS38.521 表 7.3.2.4.1-2 所示。

[2] 表 7.3.2.4.1-3 定义了每个子载波、信道带宽和 NR 频段的上行资源块配置与起始资源块位置。

在 CCSA 行业标准定义中，对所有支持 5G NSA 模式的终端，应分别测试和制定非独立组网状态 NR TIRS 和 LTE TIRS 性能指标。对于非独立组网状态的总全向辐射灵敏度性能，配置 LTE 以最大 20dBm 的功率发射，NR 链路以终端支持的最大功率发射，LTE 和 NR 同时进行上行发送。

在 NR TIRS 测试中，LTE 下行链路功率设置需保证稳定连接且块误码率为 0，测试 NR TIRS，并不考虑 MPR 及 A-MPR 的配置影响。注意 NR 下行链路功率初始值需保证在初始测试时，NR 链路的块误码率为 0，其余测试步骤与独立组网模式下的 NR 接收机灵敏度测试相同。相似地，对于 NSA LTE TIRS 测试，NR 下行链路功率设置需保证稳定连接且块误码率为 0，并测试 LTE TIRS。

如表 5-15 所示为典型的 5G FR1 非独立组网模式接收灵敏度测试信道配置，实际测试频段范围以国家无线电管理委员会的规定、中国运营商实际使用范围为准。

表 5-15　5G FR1 非独立组网接收灵敏度测试信道配置

EN-DC 频段	LTE 频段	NR 频段	LTE 下行信道号	LTE 下行载波/MHz	NR 下行信道号	NR 下行载波/MHz
DC_1_n78	频段 1	频段 n78	100	2120	630000	3450
			300	2140	636666	3549.99
DC_3_n41	频段 3	频段 n41	1300	1815	513000	2565
			1850	1870	525000	2625
DC_3_n78	频段 3	频段 n78	1650	1850	636666	3549.99
			1850	1870	630000	3450
DC_3_n79	频段 3	频段 n79	1300	1815	723334	4850.01
			1575	1842.5		
			1850	1870		
DC_5_n78	频段 5	频段 n78	2460	875	630000	3450
DC_8_n78	频段 8	频段 n78	3750	955	636666	3549.99
DC_39_n41	频段 39	频段 n41	38350	1890	513000	2565
			38550	1910	525000	2625
DC_39_n79	频段 39	频段 n79	38350	1890	723334	4850.01
			38450	1900		
			38550	1910		

注：1. LTE 频段测试信道具体配置按照 YD/T 1484.6 2014 中表 6、表 8 规定进行。

　　2. NR 频段测试信道具体配置按照本规范中表 7 规定进行。

　　3. 该频段为 IMD 交调干扰严重频段，应考虑灵敏度回退影响。

　　4. 测试 ENDC n79 总全向灵敏度时，仅要求测试 LTE 中信道与 n79 频段的双连接组合。

完整的接收机灵敏度测量应该包括在被测设备所有可能的实际应用场景（如自由空间、人头部模型等条件），以及被测设备所支持的主机械模式（如折叠屏手机的展开或折叠状态、翻盖被测设备的翻盖打开状态，滑盖被测设备的滑盖打开状态及天线可伸缩被测设备的天线拔出状态)进行所有信道的测试。被测设备在规定频段所有信道的 NR FR1 独立组网总全向辐射灵敏度 TIRS 测量结果的平均值和最大值不应高于行业标准规定的相应限值。

　　2）CTIA

　　根据北美 CTIA 的测试标准（CTIA 01.50），接收机灵敏度的测量应使用数据吞吐量作为测量指标。被测设备的接收机灵敏度对应于实现参考测量信道最大吞吐量 95%的数据吞吐量所需的最小下行链路信号功率。

　　对于支持多个接收机的被测设备，应当在测试中开启所有接收机。这种情况下，无论被测设备支持一个或多个接收机，其测试结果均为 C-TIS。在某些特殊情况下，I-TIS 是所需的测试指标，此时关闭被测设备上除待测指定接收机之外的其他所有接收机，采用相同的测试方法及步骤，进行测试。

　　按照 3GPP TS 38.521-1 的 7.3 节（接收灵敏度）配置 5G NR 无线通信综测仪及被测设备，使用 3GPP TS 38.521-1 及 3GPP TS 38.508 规定的默认设置。并使用 3GPP TS 38.521-1 的 6.2.1 节（UE 最大输出功率）的测试程序和步骤测量被测设备的输出功率。由于 3GPP 参考文件未提及 p-Max，也未将 p-Max 包含在 3GPP TS 38.508-1 定义的默认消息内容中，因此在建立连接或测试中，无须发送 p-Max 指令。对于给定的下行链路射频功率电平，应当使用 3GPP TS 38.521-1 的 7.3.2 节（参考灵敏度功率电平）的测试方法及步骤，使用 3GPP TS 38.521-1 附录 A.2.2、A.2.3 和 A.3.2，以及表 5.1.1.2-1 定义的下行链路和上行链路参考测量信道进行吞吐量的测量。在灵敏度搜索过程中，NR 通信综测仪应向被测设备连续发送上行功率控制"up"命令，以确保被测设备处于最大输出功率发射状态。当射频功率电平接近 NR 灵敏度电平时，下行功率步长不得超过 0.5dB。满足参考测量信道最大吞吐量 95%的最小下行射频功率电平为对应于 95%吞吐量的下行链路功率电平（数据吞吐量见 3GPP TS 38.521-1 的 7.3.2.3 节定义）。根据 3GPP TS 38.521-1 的附录 H.2，必须确保吞吐量测量的持续时间足以具备统计意义。记录每个被测设备测试场景的下行链路信号电平，并根据 CTIA 01.20 或 CTIA 01.21 进行积分，以计算总全向灵敏度测试。

　　在被测设备所支持的频段内选择对应的信道进行完整的总全向辐射灵敏度 TIRS 测试，频段及信道参数配置信息如表 5-16 所示。

表 5-16　CTIA 接收灵敏度测试信道与资源块配置信息（终端处于主机械模式[①]）

3GPP 频段配置	变量	CC 带宽/MHz	子载波间隔/kHz	NR 下行信道号	载波中心频率/MHz	NR 上行资源块配置	NR 下行资源块配置
n2[②]	1	10	15	387000	1935	50@2	52@0
				392000	1960	50@2	52@0
				397000	1985	50@2	52@0

续表

3GPP 频段配置	变量	CC 带宽 /MHz	子载波间隔/kHz	NR 下行信道号	载波中心频率/MHz	NR 上行资源块配置	NR 下行资源块配置
n5	1	10	15	174800	874	25@27	52@0
				176300	881.5	25@27	52@0
				177800	889	25@27	52@0
n25[②]	1	10	15	387000	1935	50@0	52@0
				392500	1962.5	50@0	52@0
				398000	1990	50@0	52@0
	2	20	15	388000	1940	50@56	106@0
				392500	1962.5	50@56	106@0
				397000	1985	50@56	106@0
n41	1	100	30	509202	2546.01	270@0	273@0
				518598	2592.99	270@0	273@0
				528000	2640	270@0	273@0
n66	1	10	15	423000	2115	50@2	52@0
				429000	2145	50@2	52@0
				435000	2175	50@2	52@0
	2	20	15	424000	2120	100@6	106@0
				429000	2145	100@6	106@0
				434000	2170	100@6	106@0
	3	40	15	426000	2130	216@0	216@0
				429000	2145	216@0	216@0
				432000	2160	216@0	216@0
				436000	2180	100@0[③]	216@0
n70	1	5	15	400500	2002.5	75@4	79@0
	2	15	15	401500	2007.5	75@4[④]	133@0
n71	1	10	15	124400	622	25@0	52@0
				126900	634.5	25@0	52@0
				129400	647	25@0	52@0
n78	1	60	30	622000	3330	162@0	162@0
				636666	3549.99	162@0	162@0
				651332	3769.98	162@0	162@0
	2	100	30	623334	3350.01	270@0	273@0
				636666	3549.99	270@0	273@0
				650000	3750	270@0	273@0

① 主要机械模式是指根据制造商的指示将设备配置在首选模式下（通常意味着天线伸展、折叠或纵向滑开，但取决于外形尺寸）。

② 如果设备支持 NR 频段 n25 和 n2，那么只需在 n25 中完成测试即可。

③ 这种配置是不对称的，354000 信道的上行信道带宽为 20MHz。

④ 这种配置是不对称的，340500 信道的上行信道带宽为 15MHz。

5.3　毫米波 SISO OTA 测试

频谱资源是 5G 技术研发与商用的基础，对推动 5G 发展起着重要作用。随着 5G 将频谱向毫米波频段拓展，5G 将面向 Sub-6GHz 与毫米波进行全频段布局，以综合满足网络对容量、覆盖、性能等方面的要求。对于工作在 6GHz 以上频段的 5G 终端，其射频前端将具有高度集成的特性，这种高度集成的结构可能包含创新的射频前端解决方案、多元天线阵列、有源或无源馈电网络等，这也就意味着该 5G 终端不再保留射频测试端口，故而传导测试方法在 5G 毫米波频段的终端天线性能测试中将不再适用，支持毫米波频段的 5G 终端的全部性能指标需要在空口环境下进行测量。因此，OTA 测量方案也是 5G 毫米波的研究重点。

在 5G 阶段，波束赋形技术使毫米波的应用成为可能，同时也带动了射频技术的革命。毫米波的引入使得被测设备的集成度显著升高，射频前端需要完成更精确的信号同步，以及更多路信号处理，形成集成化的天线阵列与射频前端。毫米波终端测试无法使用电缆实现被测设备与测试设备之间的物理连接，因此毫米波频段的所有测试指标需要采用 OTA 的方法进行评估。

毫米波信号具有更窄的波束宽度，可以获得更大的信号带宽，但同时毫米波信号因为频率高、波长短、易受到环境的影响，其存在信号衰耗大、易受阻挡、覆盖距离短，受天气影响严重等缺陷。

在大气中，毫米波主要受空气、湿度、气候等因素的影响，其影响程度根据频率的不同存在相应的差异。如频率为 60GHz 的毫米波信号需要承受约 20dB/km 的氧气吸收损耗，这一特性将直接导致毫米波信号的覆盖距离显著减小。而在 28GHz、38GHz 与 73GHz 频段，这一损耗显著减小，这也正是目前大部分运营商将 28GHz 确定为 5G 毫米波的主要研究频段的原因。

同样，大气湿度对于毫米波的衰减影响也十分显著。在高温和高湿度环境下，毫米波信号在 1km 内可衰减一半（3dB/km）。极端情况下，如特大暴雨天气下（降雨强度为 50mm/h），毫米波传播损耗可高达 18.4dB/km。这意味着毫米波通信网络的链路损耗受到天气变化的显著影响。试想我们在使用毫米波频段的信号进行通信时，当天气晴朗干燥时可以享受高速稳定的通信体验，而一旦出现阴天、潮湿甚至雨雪等恶劣天气时通信网络就由于显著增大的损耗而出现不稳定、甚至断路的情况，这显然是不可接受的。因此，对于 5G 毫米波的应用，合理的网络规划与准确的链路预算十分重要。

此外，在毫米波频段信号的穿透能力明显下降，除去建筑物等因素的遮挡外，人手、头、身体等部位的遮挡也对天线的增益与空间覆盖角产生更加显著的影响，对天线设计、终端测试带来较大挑战。对标准多层玻璃而言，毫米波穿透损耗约为 17dB，标准混凝土外墙约为 65dB，因此毫米波信号很难达到较远的覆盖距离，多数情况下需要与 Sub-6GHz 频段结合使用。

在 LTE 时代，由于 6GHz 以下频段具有相对较好的传输特性，终端测试的性能在考虑人手模型时相比自由空间的整体性能下降约 2dB 左右。而在 5G 时代，毫米波频段由于高频段、窄波束的特性，人手的影响在局部甚至可以接近 10dB，这不仅对终端天线设计提出了很大的挑战，同时也增加了测试的难度。对于毫米波终端的 OTA 测试，需要提出相应的性能要求来保证终端性能，同时如何选择合适的人头部、人手模型，测试场景设置是准确判断终端在现实网络中性能的关键。

根据 3GPP 5G 标准定义，5G FR2 运行频段如表 5-17 所示，5G 毫米波终端运行在 5G FR2 频段，分别是 n257、n258、n260、n261 四个时分双工（TDD）频段。与此同时，国际电信联盟（International Telecommunication Union，ITU）已于 2019 年 11 月正式宣布为 5G 毫米波频段扩容，将 24.25～27.5GHz、37～43.5GHz、45.5～47GHz、47.2～48.2GHz 和 66～71GHz 等频段纳入 5G 毫米波规划。

表 5-17　5G FR2 运行频段

5G FR2 运行频段	上行运行频段 基站接收/终端发送 FUL_low–FUL_high	下行运行频段 基站发送/终端接收 FDL_low–FDL_high	模　　式
n257	26500～29500MHz	26500～29500MHz	TDD
n258	24250～27500MHz	24250～27500MHz	TDD
n260	37000～40000MHz	37000～40000MHz	TDD
n261	27500～28350MHz	27500～28350MHz	TDD

从基站的角度看，相同的频段内可以支持不同的终端信道带宽，以实现终端和基站间的数据发送和接收。可支持多个载波向同一终端或者多个载波向基站信道带宽内不同终端的数据传输。

从终端的角度看，终端配置一个或多个带宽部分/载波，每个带宽部分/载波具备自己的信道带宽。终端不需要知道基站信道带宽或者基站是如何为不同的终端分配带宽的。

5G 信道带宽、保护带宽和传输带宽配置间的关系如图 5-23 所示。

5G FR2 各运行频段支持的信道带宽如表 5-18 所示，最大信道带宽可达 400MHz。

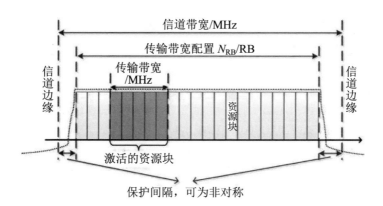

图 5-23　5G 信道带宽、保护带宽和传输带宽配置间的关系

表 5-18　5G FR2 各频段的信道带宽

运行频段	子载波间隔 /kHz	信道带宽/MHz			
		50	100	200	400
n257	60	√	√	√	
	120	√	√	√	√
n258	60	√	√	√	
	120	√	√	√	√
n260	60	√	√	√	
	120	√	√	√	√
n261	60	√	√	√	
	120	√	√	√	√

　　由于 5G 终端的波束较窄，并且可根据基站及环境特性进行自适应波束赋形，能够完成灵活的指向切换。因此，如何定义新的性能指标评估终端天线性能显得尤为重要。本节简要介绍了通过峰值 *EIRP*、总辐射功率与球面覆盖率等几项核心指标评估终端毫米波天线的发射与接收性能的测试方法，用于认证的测试指标与测试步骤以各标准化组织或机构正式发布的相关规范为准。

5.3.1　CTIA 发射功率测试设置

　　根据北美 CTIA 测试标准 CTIA 01.50，使用 3GPP TS 38.521-3 第 6.2B.1.4.1.4 条的设置，建立 LTE 和 NR FR2 的双连接。

　　与 3GPP 38.521-2 第 6.2.1.1.4.1 条定义的 NR 测试条件不同，TX 测试用例应在三个测试频率范围内执行，使用一种调制方式、一个工作带宽和一个子载波间隔。

　　如表 5.2.1.1-1 所定义，被测设备支持的频段采用频段内全资源块（Inner

Full RB）配置。

应针对表 5.2.1.1-1 定义的每个测试频率范围进行终端天线发射波束峰值搜索，除非设备制造商声明，来自中间测试频率范围的终端天线发射波束峰值方向可复用于低测试频率范围和高测试频率范围。波束峰值搜索结果不能在不同频段复用。测试报告必须明确说明，低频和高频范围的波束峰值方向并未通过波束峰值搜索程序确定，而是根据被测设备供应商的声明复用了中频范围波束峰值方向的结果。CTIA 毫米波测试频段发射功率测试配置如表 5-19 所示。

表 5-19　CTIA 毫米波测试频段发射功率测试配置

频段	带宽 /MHz	子载波间隔 /kHz	信道范围	调制方式	上行资源块配置	下行配置	载波中心频率/MHz	射频信道号 [ARFCN]
n258	100	120	UL&DL Low	DFT-s-OFDM QPSK	20@23	N/A	24300	2017499
			UL&DL Mid				25875	2043749
			UL&DL High				27450	2069999
n260	100	120	UL&DL Low	DFT-s-OFDM QPSK	20@23	N/A	37050	2229999
			UL&DL Mid				38499.96	2254165
			UL&DL High				39949.92	2278331
n261	100	120	UL&DL Low	DFT-s-OFDM QPSK	20@23	N/A	27550.08	2071667
			UL&DL Mid				27924.96	2077915
			UL&DL High				28299.96	2084165

5.3.2　CTIA 接收灵敏度测试设置

根据北美 CTIA 测试标准 CTIA 01.50，使用 3GPP TS 38.521-3 第 7.3B.2.4.4.1 条的设置，建立 LTE 和 NR FR2 的双连接。

与 3GPP TS 38.521-2 第 7.3.2.4.1 条定义的 NR 测试条件不同，接收性能测试用例应当在被测设备支持的频段范围内，按照表 5.2.1.2-1 定义的三个测试频率范围、一种调制方式、一个带宽及一个子载波间隔，进行测试。

应针对表 5.2.1.2-1 定义的每个测试频率范围进行终端天线接收波束峰值搜索，除非设备制造商声明，来自中间测试频率范围的终端天线接收波束峰值方向可复用于低测试频率范围和高测试频率范围。波束峰值搜索结果不能在不同频段复用。测试报告必须明确说明，低频和高频范围的波束峰值方向并未通过波束峰值搜索程序确定，而是根据被测设备供应商的声明复用了中频范围波束峰值方向的结果。CTIA 毫米波测试频段接收灵敏度测试配置，如表 5-20 所示。

表 5-20　CTIA 毫米波测试频段接收灵敏度测试配置

频段	带宽/MHz	子载波间隔/kHz	信道范围	下行调制	下行资源块配置	上行调制	上行资源块配置	载波中心频率/MHz	射频信道号[ARFCN]
n258	100	120	UL&DL Low	CP-OFDM QPSK	66@0	DFT-s-OFDM QPSK	64@0	24300	2017499
			UL&DL Mid					25875	2043749
			UL&DL High					27450	2069999
n260	100	120	UL&DL Low	CP-OFDM QPSK	66@0	DFT-s-OFDM QPSK	64@0	37050	2229999
			UL&DL Mid					38499.96	2254165
			UL&DL High					39949.92	2278331
n261	100	120	UL&DL Low	CP-OFDM QPSK	66@0	DFT-s-OFDM QPSK	64@0	27550.08	2071667
			UL&DL Mid					27924.96	2077915
			UL&DL High					28299.96	2084165

5.3.3　毫米波频段测试方法

在本节中，将展开对毫米波频段 SISO OTA 测试方法的介绍，使读者能够了解针对毫米波终端天线性能具体的量化指标。

1.　发射波束峰值方向搜索

发射波束峰值方向指具有最大 $EIRP$ 的波束方向，即对发射波束进行 360° 的扫描测试，找到波束可以发射的最大功率方向。由于毫米波波束具有指向性特性，在评估毫米波终端 $EIRP$ 与总辐射功率 TRP 指标时均需按照发射波束的峰值方向配置被测设备，因此首先需要进行发射波束峰值方向的搜索测试。

下面简要介绍发射波束峰值方向的搜索步骤。

在搜索发射波束峰值方向过程中，首先将被测设备置于暗室静区之内，通过极化状态为 q 的参考测量天线连接系统模拟器与被测设备，以形成指向测量天线的发射波束。通过基站模拟器向被测设备持续发送上行功率 up 的控制指令，至少保持 200ms 以上以确保 UE 以最大输出功率进行信号传输。

在整个测试过程中，系统模拟器应激活 UE 的波束锁定功能。测量到达功率测量设备的调制信号的平均功率 P_{meas}（$Pol_{Meas}=q$, Pol_{Link}），将测量得到的 P_{meas}（$Pol_{Meas}=q$, Pol_{Link}）与整个传输链路上的综合损耗相加（通常由信号链路、L_{EIRP}，θ 以及频率等综合决定），计算得到 $EIRP$（$Pol_{Meas}=q$, $Pol_{Link}=q$）。类似地，测量到达功率测量设备的调制信号的平均功率 P_{meas}（$Pol_{Meas}=\varphi$, Pol_{Link}），计算得到 $EIRP$（$Pol_{Meas}=\varphi$, $Pol_{Link}=q$）。如此，可以通过计算得到 q 极化下的 $EIRP$ 结果，$EIRP$（$Pol_{Link}=q$）$=EIRP$（$Pol_{Meas}=q$, Pol_{Link}）$+EIRP$（$Pol_{Meas}=f$, Pol_{Link}），并解除 UE 的波束锁定。

对于极化状态 f，将参考测量天线连接系统模拟器与被测设备，以形成指向测量天线的发射波束，重复极化状态 q 时的测量步骤。

在整个测试过程中，按照一定的测试网格点（如固定步长采样或固定密度采样）进行采样测试。最终，最大发射波束方向是测量到最大 $EIRP$（$Pol_{Link}=q$）或 $EIRP$（$Pol_{Link}=f$）的方向。

表 5-21 描述了对手持终端 $TIRP$ 和 $EIRP$ 最大发射功率的要求，允许的最大 $EIRP$ 根据监管要求确定。在发射波束峰值方向，使用波束锁定模式下的 $TIRP$ 的测试度量和 $EIRP$ 的总分量来验证要求。

表 5-21　终端最大发射功率限制（手持终端）

频　　段	最大 TIRP/dBm	最大 EIRP/dBm
n257	23	43
n258	23	43
n260	23	43
n261	23	43

保障终端发射性能的另一个重要指标是波束的空间覆盖角（EIRP Spherical Coverage），这也是 Rel-15 阶段新增的性能要求。波束的覆盖范围是 5G 毫米波终端的核心指标之一，描述了终端在满足一定发射功率下波束可以覆盖的球面角范围。5G 终端的波束需满足一定范围内的覆盖来保证稳定的通信以及高速移动数据的传输，因此基于 360° 下所有的测试结果分析累积分布函数 50% 处终端天线的性能要求。终端空间覆盖角要求（手持终端）如表 5-22 所示。

表 5-22　终端空间覆盖角要求（手持终端）

频　　段	50% CDF 处的最小 EIRP/dBm
n257	11.5
n258	11.5
n260	8
n261	11.5

2. 峰值 EIRP 测试流程

最大发射波束方向上的峰值 $EIRP$ 是毫米波频段 OTA 测试的主要评估指标之一。

毫米波频段定义了峰值 $EIRP$ 衡量终端的最大功率发射性能，判断依据为波束最大方向上的 $EIRP$。即基于上一小节对发射波束峰值方向的搜索结果，采用波束最大方向上的 $EIRP$ 作为终端的最大发射功率。对于支持单个 5G FR2 频段的终端，3GPP RAN4 TS 38.101-2 定义最小峰值 $EIRP$ 性能要求如表 5-23

所示。

表 5-23　UE 最小峰值 *EIRP*（手持终端）

频　段	最小峰值 *EIRP*/dBm
n257	22.4
n258	22.4
n260	20.6
n261	22.4

下面简要介绍发射波束峰值方向上的最大输出功率 *EIRP* 的测试过程。

首先，将被测设备置于测试系统静区内，系统模拟器根据 TS 38.521-2 表 6.2.1.1.1.4.1-1 的规定通过物理下行控制信道下行链路控制信息（physical downlink control channel downlink control information，PDCCH DCI）其格式为 C_RNTI，发送每个上行链路混合自动重传请求（uplink hybrid automatic repeat request，UL HARQ）进程的上行链路调度信息，以调度上行远程管理连接。

基站模拟器向被测设备持续发送上行功率 up 控制指令，至少保持 200ms 以确保 UE 以最大输出功率进行传输。此时，按照发射波束峰值方向配置被测设备。

通过具有参考极化状态 Pol_{Link} 的测量天线连接系统模拟器与被测设备，以形成指向发射波束峰值方向的波束和相应极化，该极化参考方向具有最大发射波束。

系统模拟器按照 TS 38.508-1 4.9.2 节规定的步骤（仅发射部分）激活 UE 波束锁定功能。

测量到达功率测量设备的调制信号的平均功率 P_{meas}（$Pol_{Meas}=q, Pol_{Link}$）。

将测量得到的 P_{meas}（$Pol_{Meas}=q, Pol_{Link}$）与整个传输链路上的综合损耗相加，计算得到 *EIRP*（$Pol_{Meas}=q, Pol_{Link}$）。

测量到达功率测量设备的调制信号的平均功率 P_{meas}（$Pol_{Meas}=\varphi, Pol_{Link}$）。

将测量得到的 P_{meas}（$Pol_{Meas}=\varphi, Pol_{Link}$）与整个传输链路上的综合损耗相加，计算得到 *EIRP*（$Pol_{Meas}=\varphi, Pol_{Link}$）。

最终，计算总 *EIRP*（Pol_{Link}）= *EIRP*（$Pol_{Meas}=q, Pol_{Link}$）+ *EIRP*（$Pol_{Meas}=f, Pol_{Link}$）。

3．总辐射功率测试流程

在 *TIRP* 测试过程中，针对用于智能手机终端的非稀疏天线阵列，使用 8×2 天线阵列进行测量栅格的分析，参考的天线阵列方向图如图 5-24 所示。对于所有被测设备类型，最小 *TIRP* 测量点数应保证 *TIRP* 测量栅格的标准偏差不超过 0.25dB。

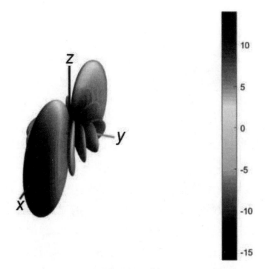

图 5-24　参考的 8×2 天线阵列方向图

　　针对波束扫描、*EIRP*、*TIRP* 等指标测试，3GPP Rel-15 阶段提出了固定步长和固定密度两种测试栅格测量方式。传统 LTE OTA 测试采用固定步长法，该测量栅格具有均匀分布的方位角与仰角，从二维的视角来看，测量采样点在横轴（方位角）与纵轴（仰角）上均以等间距分布，如图 5-25 所示。三维恒定步长测量栅格示意图如图 5-26 所示，每15°测试一个点，这样不同位置的功率具有不同的权重值（球面南北极和赤道处测试点的权重差别最大）。

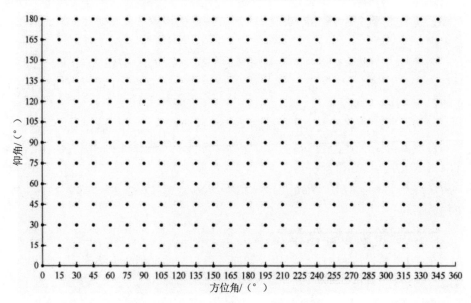

图 5-25　$\theta=\Delta\varphi=15°$ 的固定步长测量栅格在二维中测量采样点的分布（266 个测量点）

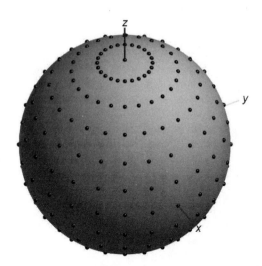

图 5-26　$\theta=\Delta\varphi=15°$的固定步长测量栅格在三维中测量采样点的分布（266 个测量点）

　　新定义的固定密度测量栅格，具有均匀分布在球体表面上的测量点，密度恒定。该测量栅格的二维示意图如图 5-27 所示，三维示意图如图 5-28 所示。固定密度法中各个测试点的功能相同，更加适合毫米波的窄波束测试场景。在相同测试误差下，采用固定密度法可以大大缩减测试时间，减少测试点数。

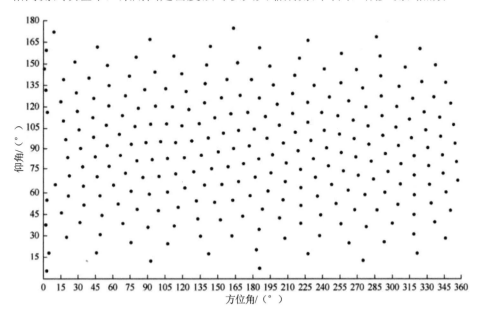

图 5-27　固定密度测量栅格在二维中测量采样点的分布（266 个测量点）

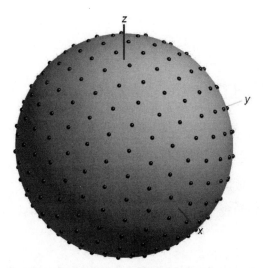

图 5-28　固定密度测量栅格在三维中测量采样点的分布（266 个测量点）

基于以上测试栅格，*TIRP* 测量方法包括以下步骤。

（1）将被测设备置于静区内。

（2）系统模拟器根据 TS 38.521-2 表 6.2.1.1.1.4.1-1 的规定通过物理下行控制信道下行链路控制信息格式为 C_RNTI，发送每个上行链路混合自动重传请求进程的上行链路调度信息，以调度上行远程管理连接。由于上行链路没有需要传输的负载或反馈数据，UE 在上行远程管理连接发送上行媒体接入控制（Media Access Control，MAC）填充位。按照 TS 38.508-1 4.6 节配置合适的上行调制。

（3）基站模拟器向被测设备持续发送上行功率 up 控制指令，至少保持 200ms 以确保 UE 以最大输出功率进行传输。

（4）按照发射波束峰值方向配置被测设备。通过具有所需参考极化状态 Pol_{Link} 的测量天线连接系统模拟器与被测设备，该极化参考方向具有最大发射波束峰值，以形成指向所需方向的发射波束和相应的极化。系统模拟器按照 TS 38.508-1 4.9.2 节的规定（仅发射部分）在整个测试过程中激活 UE 波束锁定功能。

（5）对于每个测量点，测量 $P_{meas}(Pol_{Meas}=\theta, Pol_{Link})$ 与 $P_{meas}(Pol_{Meas}=\varphi, Pol_{Link})$；通过旋转测量天线与被测设备实现测量天线与被测设备之间的角 $(\theta_{Meas}, \varphi_{Meas})$。

（6）将测量得到的 P_{meas} 与整个传输链路上由信号链路、$L_{EIRP,\theta}$ 以及频率决定的综合损耗相加，计算得到 $EIRP(Pol_{Meas}=\theta, Pol_{Link})$ 与 $EIRP(Pol_{Meas}=\theta, Pol_{Link})$。

（7）采用定义的 *TRP* 积分方法计算测量网格的 *TRP*。

对于固定步长测量栅格和固定密度栅格，*TRP* 可表示为如下形式。

（1）对于固定步长测量栅格，*TRP* 可表示为：

$$TRP \approx \frac{1}{2M} \sum_{i=0}^{N} \sum_{j=0}^{M-1} \left[EIRP_\theta(\theta_i, \varphi_j) + EIRP_\varphi(\theta_i, \varphi_j) \right] W(\theta_i) \qquad (5\text{-}7)$$

式中：*N* 为标称 θ 从 0～π 的角间隔数；*M* 为标称 φ 从 0～2π 的角度间隔数；*W*(*q*)为权重函数。

（2）对于固定密度栅格，*TRP* 可表示为：

$$TRP \approx \frac{1}{N} \sum_{i=0}^{N-1} \left[EIRP_\theta(\theta_i, \varphi_i) + EIRP_\varphi(\theta_i, \varphi_i) \right] \qquad (5\text{-}8)$$

式中：*N* 为测量点个数。

以上两种测量栅格都是权衡测量不确定度、测量点数量和测试时间后的结果，可采用其中任一种开展 *TRP* 测试。

4．接收波束峰值方向搜索

接收波束峰值方向即具有最小平均等效全向灵敏度 *EIS* 的波束方向，本节定义了接收波束峰值方向的搜索步骤。

$$EIS_{avg} = 2 \times \left[1 / EIS(Pol_{means} = \theta, Pol_{Link} = \theta) + 1 / EIS(Pol_{means} = \varphi, Pol_{Link} = \varphi) \right]^{-1} \quad (5\text{-}9)$$

最终，接收波束峰值方向是测量最小 EIS_{avg} 的方向。

5．峰值等效全向灵敏度 *EIS* 测量流程

本节概述了测量接收波束峰值方向的平均 *EIS* 的测试步骤。

在接收波束峰值方向的平均 *EIS* 测试过程定义如下。

（1）将被测设备置于静区内。

（2）通过极化状态 $Pol_{Link}=\theta$ 的参考测量天线连接系统模拟器与被测设备，以形成指向测量天线的接收波束。在每个上行链路调度信息中向 UE 持续发送上行链路功率控制 up 命令，至少保持 200ms 以确保 UE 以最大输出功率进行传输。

（3）确定 θ 极化状态下的 $EIS(Pol_{Meas}=\theta, Pol_{Link}=\theta)$，即吞吐量超过参考测量信道要求时 θ 极化的功率水平。当链路功率接近灵敏度电平时，按照 TS 38.521-2 附录 H.2.2 规定测量足够长的时间以获得平均吞吐量，此时基站模拟器的功率下降步长应不大于0.2dB。

（4）通过极化状态 $Pol_{Link}=\varphi$ 的参考测量天线连接系统模拟器与被测设备，以形成指向测量天线的接收波束。在每个上行链路调度信息中向 UE 持续发送上行链路功率控制 up 命令，至少保持 200ms 以确保 UE 以最大输出功率进行传输。

（5）确定 φ 极化状态下的 $EIS(Pol_{Meas}=\varphi, Pol_{Link}=\varphi)$，即吞吐量超过参考测量信道要求时 φ 极化的功率水平。当链路功率接近灵敏度电平时，按照 TS 38.521-2 附录 H.2.2 规定测量足够长的时间以获得平均吞吐量，此时基站模拟

器的功率下降步长应不大于0.2dB。

（6）前进至下一网格点并重复步骤（2）至步骤（5），直至完成全部测量。

（7）计算接收波束峰值方向的平均 *EIS*

$$EIS_{avg} = 2 \times \left[1/EIS(Pol_{Means} = \theta, Pol_{Link} = \theta) + 1/EIS(Pol_{Means} = \phi, Pol_{Link} = \phi) \right]^{-1} \quad (5\text{-}10)$$

5.4　MIMO OTA 测试

多输入多输出（MIMO）技术是提升频谱效率的关键技术之一，利用基站和终端侧配备的多个发射与接收天线可成倍地提高系统信道容量。MIMO 技术早在 LTE 时期就已经广泛使用，5G 移动网络要求更极致的用户体验和更大的系统容量，未来多天线系统的设计中必将引入更多的 5G 天线。因此，终端的多天线吞吐量性能是保证 5G 商用网络稳定通信的关键指标。

由于 5G 的典型无线信道环境的变化、更高的运行频段、更大的测试带宽、更多路的信号传输，传统的 LTE 多天线 OTA 测试方案无法准确评估 5G 多天线设备的 MIMO 性能，需要升级测试系统和测试方法，以满足 5G 多天线吞吐量的测试需求。

和单天线 OTA 测试相比，多天线 OTA 测试的关键在于在暗室中加入了衰落信道环境，以模拟被测设备在真实无线空间信道传输环境下的相应性能。对于终端 MIMO OTA 测试，如何定义适用于 5G 的系统结构，在测量环境内构建形成具有特定来波角、多普勒时延、功率延迟和极化特性的复杂无线多径场景，从而能够模拟真实情景的 MIMO 信道环境，是关键技术难点所在。

对于终端多天线性能评估，需要使用 MIMO 多天线测试环境对其性能进行测试、评估。与 SISO OTA 类似，终端 MIMO OTA 测试同样也有几套常见的测试系统，分别是多探头全电波暗室法（MPAC）、混响室法和辐射两阶段法（RTS）。

5.4.1　多探头全电波暗室法

终端 MIMO 天线性能测试要在全电波多探头天线暗室中进行。全电波暗室系统中布置多个测量天线，将每一个天线都连接到信道仿真器的输出端口，测量天线探头等间距地环绕于被测物周围，在信道仿真器控制下模拟产生真实的空时信道场景用于评估终端多天线接收性能，其环形天线探头阵列成水平方向放置。每一个天线探头拥有水平和垂直两个极化方向。多探头全电波暗室法拥有坚实的理论基础，且能够通过硬件环境仿真数学上的多径环境，是最常见的终端 MIMO OTA 测试系统。

暗室内测量天线探头数应满足所仿真的信道模型的性能，需要进行信道验证，验证结果与理论结果之差不大于标准规定的限值。图 5-29 与图 5-30 分别给出了 LTE（8 个均匀分布的双极化天线探头）与 5G FR1 多探头系统（16 个均匀分布的双极化天线探头）的示意图。其中，暗室测量天线探头数应足够多，以保证对标准中规定信道模型的可靠仿真。

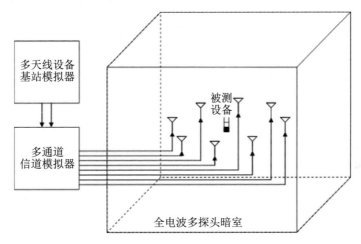

图 5-29　LTE MIMO OTA 全电波多探头暗室系统示意图

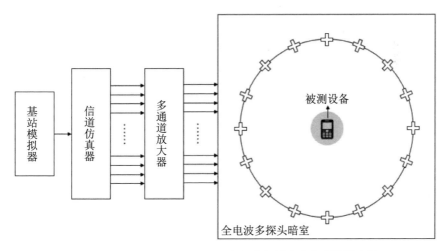

图 5-30　5G FR1 MIMO OTA 全电波多探头暗室系统示意图

多探头暗室的最小测试距离定义为暗室测试区域中心到测量天线的距离，如图 5-31 所示。对于测试区域尺寸 20cm 的 5G FR1 MIMO 多探头测试系统，最小测试距离为 1.2m。当距离小于 1.2m 时，空间相关性将受到显著影响。

MIMO OTA 典型测试姿态如表 5-24 所示。

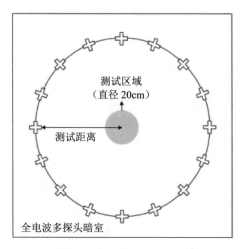

图 5-31 全电波多探头暗室系统测试距离

表 5-24 MIMO OTA 典型测试姿态

被测设备姿态	姿 态 描 述	姿态示意图
自由空间状态（竖直倾斜）	终端屏幕所在面中心点位于坐标原点。过坐标原点作屏幕所在面法线，并在屏幕面上做平行于屏幕所在面长边的中间线，如右图中虚线所示。 令该法线与中间线位于 xz 平面内，且法线位于+x 与+z 轴角平分线上。屏幕面向斜上方。 终端 Home/导航键位于下侧，听筒位于上侧	
自由空间状态（水平倾斜）	终端屏幕所在面中心点位于坐标原点。过坐标原点作屏幕所在面法线，并在屏幕面上做平行于屏幕所在面短边的中间线，如右图中虚线所示。 令该法线与中间线位于 xz 平面内，且法线位于+x 与+z 轴角平分线上。屏幕面向斜上方。 终端 Home/导航键位于右侧（+y 轴方向），听筒位于左侧（−y 轴方向）	
自由空间状态（水平）	终端屏幕所在面中心点位于坐标原点。屏幕所在面与 xy 平面重合，屏幕面向正上方（+z 轴方向）。屏幕所在面长边与 x 轴平行。 终端 Home/导航键位于+x 轴一侧，听筒位于−x 轴一侧	

针对多探头全电波暗室测试系统，在测试前需要完成系统校准。

关于信道仿真器输入校准，某些信道仿真器工作时需要保证其两路输入端口接收的来自基站模拟器的两路下行信号功率相同，此时就需要对信道仿真器进行输入校准。

输入校准测量基站模拟器两个下行输出端口与信道仿真器两个输入端口间两路通道的功率损耗，然后针对功率损耗较小的一路通道，在信道仿真器对应的输入端口添加相应的内部衰减，使得两路通道的功率损耗相等。

测量可以借助网络分析仪的 S_{21} 测量功能进行。若信道仿真器支持输入端口功率测量功能，则可以借助单频连续波信号源和信道仿真器的功率测量功能进行输入校准。

对于信道仿真器的输出校准问题，系统路径校准可按照图 5-32 搭建校准测试系统。其中网络分析仪输出口连接至信道仿真器任意一个输入口，信道仿真器应配置为静态信道模型，其各输出口按照吞吐量测试系统中的连接方式连接到多探头全电波暗室内各个测量天线上，暗室内部的测试区域中心放置参考测量天线，并将参考测量天线连接到网络分析仪的输入口。

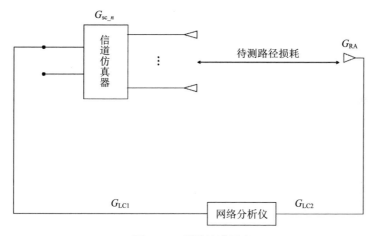

图 5-32　系统校准示意

路径校准按照以下步骤进行。

（1）使用套筒偶极子参考校准天线作为参考测量天线，竖直放置于暗室中心。

（2）开启信道仿真器与第一根测量天线垂直极化通道相连接的输出端口（可以将其记为 1V 端口），关闭其他所有端口。

（3）按照图 5-33 中的连接示意图，使用网络分析仪测量 S_{21}。

（4）从 1V 端口到暗室测试区域中心的路径损耗可以记为：

$$PL_{1V} = -S_{21} - G_{LC1} - G_{LC2} + G_{SC\_1V} + G_{RA} \tag{5-11}$$

式中：S_{21} 为网络分析仪测量结果（dB）；G_{LC1} 为网络分析仪与信道仿真器输入端口之间的线损损耗（dB）；G_{LC2} 为网络分析仪与校准天线之间的线损损耗（dB）；G_{SC_1V} 为信道仿真器与 1V 端口相对应的静态信道增益（dB）；G_{RA} 为参考校准天线增益（dB）。

（5）重复步骤（2）～（4），分别测量信道仿真器与所有的 N 个测量天线垂直极化通道相连接的输出端口与暗室中心间的路径损耗，PL_{nV}，（$1 \leq n \leq N$）。

（6）使用共振环参考校准天线竖直放置于暗室中心，或将偶极子天线水平置于暗室中心。

（7）重复步骤（2）～（4），分别测量信道仿真器与所有的 N 个测量天线水平极化通道相连接的输出端口与暗室中心间的路径损耗，PL_{nH}，（$1 \leq n \leq N$）。若使用偶极子天线作为参考校准天线进行这一步的测量，则需要在校准不同测量天线的路径时，将偶极子旋转合适的角度，使之对准被校准的测量天线。

（8）比较所有信道仿真器的输出端口的路径损耗 PL_{nV}、PL_{nH}，（$1 \leq n \leq N$），将其中的最大值作为系统路径的损耗。对于其他路径损耗较小的通道，在对应的信道仿真器输出口内部加入合适的内部衰减，使得各个通道的路径损耗都等于系统路径损耗。

对于全电波暗室中的纹波测试，其测试方法同 5.2 节，此处不再赘述。

5.4.2 混响室法

混响室法适用于终端 SISO OTA 测试以及终端 MIMO OTA 测试。采用混响室进行终端 MIMO 天线性能测试时，建议使用的信道模型不是基于几何模型的，而是基于混响室各向同性的属性，使用模式搅拌来实现一个足够平均的统计上的各项同性环境。混响室内的瞬态条件并不是各向同性的。

在使用混响室法进行终端 MIMO 天线性能测试时，通常可以选择独立混响室测试方案和混响室加信道仿真器测试方案两种不同的实现方式。

1. 独立混响室测试方案

独立混响室测试方案在进行终端 MIMO 天线性能测试时，需要使用混响室、系统模拟器/综测仪等设备。其典型的系统连接如图 5-33 所示。其中，系统模拟器/综测仪的上行链路与下行链路端口连接到混响室的一个固定测量天线，系统模拟器/综测仪的第二个下行链路端口连接到混响室的第二个固定测量天线。混响室内的其他设备，如参考天线和测试线缆，应使用 50Ω 的负载端接。

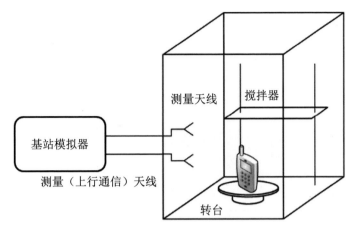

图 5-33　独立混响室测试方案系统连接示意图

2．混响室加信道仿真器测试方案

混响室加信道仿真器测试方案是在混响室的基础上配合使用信道仿真器进行终端 MIMO 天线性能测试，其中需要系统模拟器/综测仪、混响室以及信道仿真器等设备。其典型的系统连接如图 5-34 所示，其中系统模拟器/综测仪的两个下行链路端口连接到信道仿真器的输入端口，信道仿真器的输出端口连接到混响室的固定测量天线。基站模拟器的上行链路端口连接到一个独立的混响室天线。混响室的其他设备，如参考天线，需使用 50Ω 的负载端接。

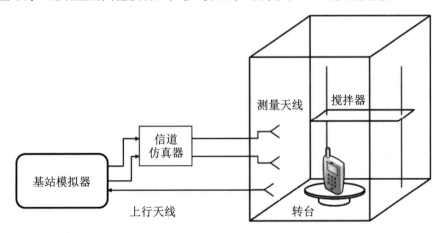

图 5-34　混响室加信道模拟器测试方案系统连接示意图

5.4.3　辐射两阶段法

辐射两阶段法起源于传导两阶段法（conducted two stage，CTS）。在 CTS

中，先测试 MIMO 终端的天线方向图指标，然后再与选定的 MIMO OTA 传播信道模型进行卷积并实时仿真，相应地，实时仿真输出信号通过传导的方式传送到接收机。如图 5-35 所示为 CTS 测试的原理图。

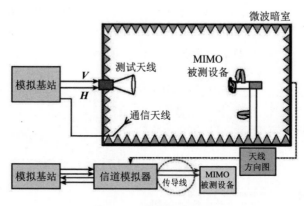

图 5-35　传导两阶段法

但是，CTS 存在两个缺陷：一是测试线缆不便连接到被测设备；另一个更重要的缺陷是它的工作模式，当用户设备产生的噪声和干扰耦合到用户设备天线端并进入接收机，会潜在地影响灵敏度，导致测试结果不准确，影响传导测试的精度。

为了解决这一难题，引入了辐射两阶段法。与 CTS 相同，辐射两阶段法（RTS）在测试时，也需要获取 MIMO 终端的天线方向图。与 CTS 不同，RTS 中的实时仿真输出信号是通过空口天线的方式发送到待测 MIMO 终端天线上的。如图 5-36 所示为 RTS 测试的原理图。

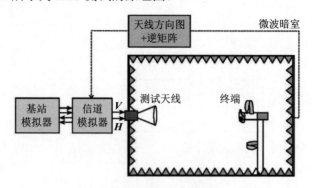

图 5-36　RTS 测试原理

RTS 得到的测试结果中包含了天线的包络相关系数、天线平衡及辐射灵敏度等信息，这些指标都可以通过非传导的方式反映 OTA 测试的天线和接收机的性能。

在使用 RTS 测试终端 MIMO 天线性能时，需要终端提供对于主动方向图测试的支持。对于支持主动方向图测试的终端，可以使用 RTS 测试系统进行终端 MIMO 天线性能测试。RTS 和多探头系统可以使用相同的性能阈值判据。

用 RTS 测试的终端 MIMO 天线方法分为两步：第一步，在暗室中测得终端天线方向图；第二步，使用信道模拟器仿真待测信道模型，完成终端 MIMO 天线性能测试。RTS 的测试示意图如图 5-37 所示。

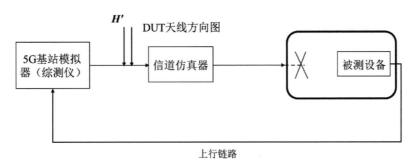

图 5-37 RTS 测试示意图

第一步，在全电波暗室中测出被测设备的天线方向图。在信道仿真器中配置一个一发两收的直通信道，直通信道的输出分别与暗室内测量天线的水平和垂直极化相连。5G 系统模拟器/综测仪发射下行信号激励被测设备，位于静区中心的被测设备在暗室内旋转测得天线方向图。如果需要测试人体对终端 MIMO 天线性能的影响，也可以在人头部和人手模型进行测量。

第二步，把信道仿真器设置为待测的信道模型，并把第一步中测得的天线方向图加载到信道仿真器中，开始待测信道下的终端 MIMO 天线性能测试。在此步骤中，待测件的旋转是通过信道仿真器旋转被测设备的天线辐射方向图来完成的。因此，在第二步测试中，无须在暗室旋转被测设备，由于需要构建一个类似传导连接的环境，在进行终端 MIMO 天线测试前，要先进行测量天线与终端接收天线之间空间传输信道的逆矩阵的搜索。先把信道仿真器设置成静态信道，测试软件通过控制信道仿真器中各个通道的功率和相位，自动搜索空间传输信道的逆矩阵 H'，并将逆矩阵 H' 加载到信道仿真器中，再进行测试。

辐射两阶段法和混响室法目前还没有被采纳为 5G MIMO 标准化测试方法，3GPP 5G MIMO 标准认可的测试方法目前为全电波多探头暗室法。

5.4.4 MIMO 信道验证

在 MIMO 技术引入前，终端天线空口性能测试主要针对单天线，进行 SISO OTA 测试。对于多天线设备，影响其设备性能的除了收发天线参数，更重要的是外部信道环境。如图 5-38 所示为 5G MIMO 信道模型研究的技术路线。

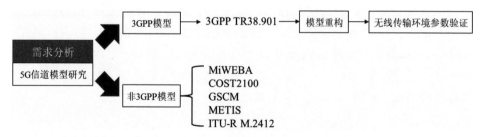

图 5-38　5G MIMO 信道模型研究技术路线

5G 典型的信道模型中，可以分为 3GPP 模型和非 3GPP 模型。3GPP 模型，顾名思义就是通信标准化组织 3GPP 提出的 5G MIMO 信道模型，即 3GPP TR 38.901 模型；非 3GPP 模型中主要包括毫米波演进回传与接入（millimeter-wave evolution backhaul and access，MiWEBA）、欧洲科技合作组织 COST2100、几何空间信道模型（geometry spatial channel model，GSCM）、2020 年信息社会的移动和无线通信推动者（Mobile and Wireless Communications Enablers for the Twenty-Twenty(2020) Information Society，METIS）和国际电信联盟 ITU-R M.2412。在上述 5G 典型的信道模型中，ITU-R M.2412 和 3GPP TR38.901 模型能够支持 0.5～100GHz 的频率范围和较高的最大带宽，同时可以支持大规模天线阵列，因此应用较广。

信道模型在多天线空口测试中，起到至关重要的作用，对真实信道的重建也是空口测试的核心工作。OTA 测试中所有的研究目的，归根到底就是在测试区域完成对目标信道模型的精确重构。下面将基于 3GPP 5G 信道模型开展无线传输环境的复现以及信道参数的验证。

1. 6GHz 以下频段

在 6GHz 以下频段，即 5G FR1 频段，对信道模型参数验证包括以下五类。

（1）功率延迟分布（power delay profile，PDP）。

（2）多普勒/时间相关性（Doppler/temporal correlation）。

（3）空间相关性（spatial correlation）。

（4）交叉极化比（cross-polariztion ratio，XPR）。

（5）功率验证（power validation）。

以多探头全电波暗室法（MPAC）为例，MPAC 是 5G FR1 MIMO OTA 测试的典型方法。相比于 LTE MIMO OTA 测试，采用二维信道模型，MPAC 使用环形天线探头阵列成水平方向放置。每一个天线探头拥有水平和垂直两个极化方向；由于 5G FR1 频段 MIMO 信道模型升级为基于 3GPP 38.901 简化的集群延迟线（cluster delay line，CDL）信道模型，因此传统的二维 LTE MIMO 系统结构不再适用，需要对 MPAC 系统的探头数量及布局进行优化。

对于优化 MPAC 系统采用何种结构，主要具有以下两种潜在的方案。

方案一：16 探头均匀分布用于 5G FR1 MIMO OTA 测试，并可兼容 LTE MIMO OTA 测试，如图 5-39 所示。

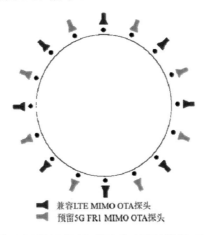

图 5-39　兼容 5G FR1 MIMO OTA 和 LTE MIMO OTA 测试的方案

方案二：16 探头中的 8 探头均匀分布用于 LTE MIMO OTA 测试，剩余 8 探头以扇形方式分布，用于 5G FR1 MIMO OTA 测试，如图 5-40 所示。

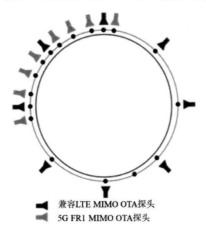

图 5-40　兼容 5G FR1 MIMO OTA 和 LTE MIMO OTA 测试的方案

为了分析 5G FR1 MIMO OTA 测试需要的探头数量与系统布局，需要对天线探头数量、测试频率、探头布局、信道模型等因素对空间相关性误差的影响进行仿真分析，结果如图 5-41 所示。

除进行仿真分析外，还对 5G NR FR1 与 LTE MIMO OTA 在不同信道模型、频率与探头数/布局下的空间相关性误差进行了对比，如表 5-25 所示。

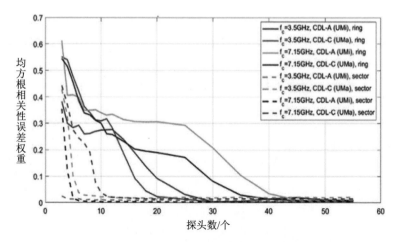

图 5-41　含二维功率角度谱的空间相关性误差

表 5-25　5G NR FR1 与 LTE 空间相关性误差对比

信 道 模 型	空间相关性误差				
	5G FR1 @3.5GHz 测试区域直径 2.31 λ (20cm)		5G FR1 @7.125GHz 测试区域直径 4.8 λ (20cm)		LTE @ 测试区域直径 1 λ
	8 探头扇形	16 探头均匀	8 探头扇形	16 探头均匀	8 探头扇形
SCME UMa[①]	N/A	N/A	N/A	N/A	0.032
SCME UMi[②]	N/A	N/A	N/A	N/A	0.047
CDL-A (UMi)	0.02	0.12	0.07	0.29	N/A
CDL-C (UMa)	0.08	0.08	0.08	0.2	N/A

① 城区宏小区空间信道模型扩展（spatial channel model extended urban macro，SCME UMa）。

② 城区微小区空间信道模型扩展（spatial channel model extended urban micro，SCME UMi）。

　　设定空间相关性误差仿真的判决门限为 10%。从表 5-25 中可见，相比于 4G LTE，5G FR1 在直径 20cm 的测试区域内其空间相关性有明显恶化，如表中灰色数字所示。对于直径 20cm 的测试区域，在选用探头数量相同的情况下，方案二中采用的扇形分布方案其空间相关性误差结果明显优于方案一（环形均匀分布）。

　　除此之外，还针对两种布局方案对于不同信道模型的可扩展性进行了仿真分析。对于 8 探头扇形分布方案，在仿真中设定探头间隔15°，覆盖82.5°至187.5°扇区。对于 16 探头均匀分布方案，设定探头间隔22.5°。对于拥有 3 个最强的基站波束的信道模型，其空间相关性仿真曲线分别如图 5-42 和图 5-43 所示。

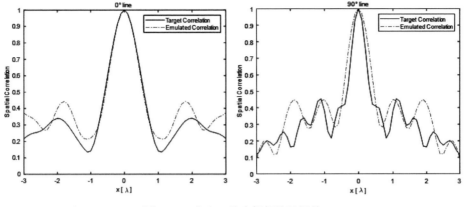

图 5-42　方案二的空间相关性误差

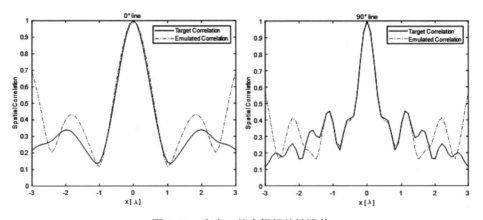

图 5-43　方案一的空间相关性误差

结合图 5-42 和图 5-43 可以看出，相比于方案二，方案一其点画线的相关性曲线更接近于实线的信道模型的理论值。也即，相比于方案二，方案一对于用户定义的不同信道模型具有更好的扩展性和适应性，并具有可接受的空间相关性。

综上所述，方案二仅能用作 FR1 MIMO OTA 测试，系统兼容性与扩展性较差，且大大增加了测试系统建设成本；方案一尽管在信道模型构建的准确性上比方案二略差，但由上述结果可得，当测试频率为 3.5GHz 时，方案一探头系统对应的空间相关性误差在 0.15 以内，且该系统能够很好地兼容 LTE MIMO OTA 测试，因此该方案被国内外标准化组织所采纳。图 5-44 为 5G FR1 频段 MIMO OTA 测试的 MPAC 系统框架图。

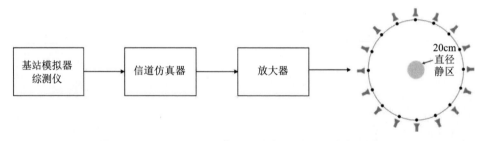

图 5-44 5G FR1 MIMO OTA 测试的 MPAC 系统框架图

确认了 5G FR1 测试系统的探头布局后，接下来就需要进行测试环境信道验证，满足条件后，方可开始进行 MIMO OTA 测试。

在进行信道验证前，需要对链路环境进行校准，使用具有已知增益的参考校准天线来校准系统，以确保下行链路信号功率的准确性；且与传统的 TRP/TRS 测试中路径损耗校正都可以作为测量数据的后处理步骤应用不同的是，MPAC 中每个测量探头的路径损耗必须在测试时保持平衡、一致，以便在暗室的测试静区内生成所需的信道模型环境。如若不进行校准，可能导致的结果是在测试期间每条链路的性能不一致将导致暗室的测试静区内信道模型的角度依赖性发生改变。因此，在对信道模型进行验证前需要校准。校准过程如下。

（1）将垂直参考偶极子放置在测试区中心，连接矢量网络分析仪端口，矢量网络分析仪的另一个端口连接信道仿真器的输入端口，如图 5-45 所示。

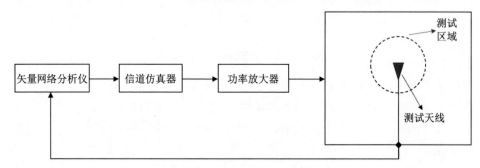

图 5-45 链路校准仪表连接

（2）将信道仿真器配置为旁路模式。

（3）测量从暗室内每个垂直极化探头到测试区中心参考天线的每条路径的响应。

（4）调整信道仿真器所有垂直极化分支上的功率，使中心接收的功率相等。

（5）使用磁环或水平极化参考偶极子重复步骤（1）～（4），然后调整信道仿真器的水平极化分支。

（6）最后，得到每一条路径的参考路径损耗。将最坏情况下的路径损耗作为整个系统的参考路径损耗，该损耗用于计算测试区中心相对于基站模拟器输出功率的功率。此外，应根据参考路径损耗校正每个路径损耗的相对偏移。

需要注意的是，除了上文提到的参考偶极子天线、磁环，还能采用喇叭天线进行信道模型验证。

表 5-26 给出 PDP、多普勒、空间相关、交叉极化验证和静区验证质量支持的 5G FR1 频率，表 5-27 给出 5G FR1 功率验证频率。

表 5-26　PDP、多普勒、空间相关、交叉极化验证和静区验证质量支持的 5G FR1 频率

5G FR1 频段	频 率 范 围	测试频率/MHz
n71	低频	617
n12、n17、n29、n14、n28		722
n5、n8、n18、n20		836.5
n50、n51、n74	中频	1575.42
n3、n2、n25、n39		1880
n1、n34、n65		2132.5
n7、n30、n41、n40、n38、[n90]		2450
n77、n78	高频	3600
n79		[4700]

表 5-27　5G FR1 功率验证频率

5G FR1 频段	频 率 范 围	测试频率（每个频段的中心频率）
n71	低频	n71
n12、n17、n29、n14、n28		n28
n5、n8、n18、n20		n8
n50、n51、n74	中频	n51
n3、n2、n25、n39		n3
n1、n34、n65		n1
n7、n30、n41、n40、n38、[n90]		n41
n77、n78	高频	n78
n79		n79

1）功率延迟分布

功率延迟分布（PDP）体现了信道平均功率随信道延迟的分布特性。无线通信环境中，信号由发射端经历不同的散射、反射路径后达到接收机端，每条路径的信道能量及延迟均不同。PDP 则反映了这种信道能量在时间轴上的分布，同时其时延扩展反映了信道的频率选择性衰落带宽，或者说决定了信道的相干性带宽。

PDP 验证用于检验信道模型的时延功率分布，由信道时域冲激响应的平均

功率谱表示。由于直接测试信道时域冲激响应有一定难度，该验证通过测试信道的频率响应并进行傅里叶逆变换实现。PDP 验证测试系统连接如图 5-46 所示。

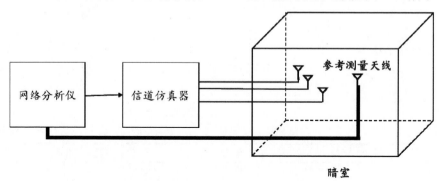

图 5-46　PDP 验证测试系统连接图

PDP 验证方法如下。

（1）基于网络分析仪的测试系统配置。

（2）暗室中心参考测量天线使用垂直放置的套筒偶极子作为参考测量天线，暗室测量探头环上所有垂直极化测量探头均需开启。

（3）设置信道仿真器为步进模式，运行信道仿真器得到第 1 次信道随机实现，暂停，使用网络分析仪测量该次随机实现的频域响应，继续运行信道仿真器得到第 2 次信道随机实现，暂停，以此类推，直到测量得到 N 次信道随机实现的频域响应。

（4）测量过程中，网络分析仪中心频率设置为测试频段中心频率，扫频宽度为 200MHz，输出信号功率−15dBm，点数设置为 1101，不使用平均功能，扫频测量次数 N 不小于 1000 次。

（5）信道仿真器中心频率设置为测试频段中心频率，终端移动速度的设置应足够大，使得信道仿真器在步进过程中，相邻两次的信道随机实现之间的间隔大于 2 个波长，其中相邻两次信道随机实现的间隔等于终端移动速度乘以每次信道随机实现的扫频测试时间。

（6）针对扫频测试得到 N 次信道随机实现的频域响应，进行傅里叶变换，得到 N 次信道随机实现的时域冲激响应，为时域延迟，$1 \leqslant n \leqslant N$ 代表不同次扫频测试得到的结果。使用下式计算信道功率延迟分布函数：

$$P(\tau) = \frac{1}{T} \sum_{t=1}^{T} |h(t,\tau)|^2 \qquad (5\text{-}12)$$

最后，对得到的功率延迟分布函数进行时移，使得第一条多径位于零时刻；对其进行功率归一化，使得第一条多径功率衰落为 0dB。使用上述处理后得到的 $P(\tau)$ 计算均方扩展时延如下。

$$\sigma_\tau = \sqrt{\left[\sum_\tau \tau^2 \frac{P(\tau)}{\sum_\tau P(\tau)}\right] - \left[\sum_\tau \tau \frac{P(\tau)}{\sum_\tau P(\tau)}\right]^2} \qquad (5\text{-}13)$$

2）多普勒/时间相关性

在移动通信过程中，移动台的接收信号频率随着用户运动速度及方向发生变化，从而产生多普勒效应，引起多普勒频移。当移动台以速度 v 移动时，引起的多普勒扩展可表示如下：

$$f_D = \frac{v}{\lambda}\cos\alpha = f_m \cos\alpha \qquad (5\text{-}14)$$

多普勒频谱或时间相关性反映了由于终端移动或者信道环境变化导致的多普勒频移和信道的时变特性。在信道模型中，每一簇由多根子径构成，每根子径都会影响接收机信号的多普勒频谱，最终信道的多普勒频谱将与各径到达角及其角扩展有关。信道的多普勒频谱还反映了信道衰落的快慢，即快衰落或慢衰落，描述了信道在时域的演进特性，决定了信道的相关性时间。多普勒频展与时间相关函数之间互为傅里叶变化关系，因此在验证测试中，仅就多普勒频展进行实际测试，并根据多普勒频展的测试结果计算得到相应的时间相关函数。

多普勒/时间相关性的原理框图如图 5-47 所示。

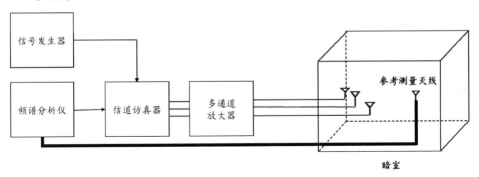

图 5-47　多普勒/时间相关性验证测试系统连接图

多普勒频谱验证方法如下。

在图 5-47 中，使用一个信号发生器，发射载波信号到信道仿真器输入端，暗室中心测试区域内放置一根参考测量天线，与频谱分析仪输入端相连，测量分析暗室内信道多普勒频谱。其中，暗室中心参考测量天线使用垂直放置的偶极子参考测量天线，暗室测量探头环上所有垂直极化测量探头均需开启。

测量过程中，信号发生器频率设置为测试频段中心频率，关闭调制功能。按照定义的信道模型对信道仿真器进行配置，信道仿真器中心频率设置为测试频段中心频率，终端移动速度的设置为 100km/h 或仪表允许的最大值。信号由测试区域内的测试天线接收，用频谱分析仪测量多普勒频谱并保存轨迹，其中心频率设置为测试频段中心频率,扫频宽度为 4kHz,分辨率带宽和视频段宽均设置为 1Hz,点数为 16002,平均 100 次。

使用上述配置测量得到暗室内信道多普勒频谱,对其进行傅里叶变换,得到信道时间相关性函数 $R\_t(\Delta t)$。对 $R\_t(\Delta t)$ 进行归一化,使得 $\max(|R_t(\Delta t)|)=1$,并对该函数曲线进行截取,截取其自最高点开始、向右 7 个载频周期时间长度的函数曲线。

3)空间相关性

空间相关性反映了不同空间位置上的无线信道相关性程度,通常相关性越弱,MIMO 传输的性能越好。空间相关性与信道模型中不同子径到达角的概率分布有关,而该概率的分布由信道模型中的功率角度谱(power angle spectrum,PAS)体现。

空间相关性验证系统与功率延迟分布验证类似,最大的不同在于在验证测试过程中,需要在暗室内选取多个不同的空间测量位置,分别测试这些位置上的信道响应并计算其与其他位置信道响应的相关性。空间相关性验证仅适用于 5G FR1 MIMO OTA。

图 5-48 为测量空间相关性验证测试系统连接图。验证测量中,网络分析仪通过信道仿真器、放大器和天线探头传输信号,并在暗室测试区域放置一个接收测试天线。其中暗室中心参考测量天线使用垂直放置的偶极子参考测量天线,暗室测量探头环上所有垂直极化测量探头均需开启。测试天线连接定位器,该定位器可将测试天线置于距离暗室静区中心固定半径的预定位置,接收的信号通过网络分析仪进行测量。

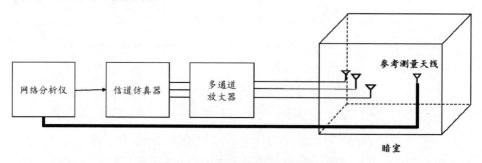

图 5-48 空间相关性验证测试系统连接图

测试过程中时域采样数 N 与频域样本数 M 的取值目前正在标准组织讨论之中。M 与 N 的取值必须能够尽量减小验证测试所需的时间,但要足够大以保证足够的相关性估计精度。选择大于信道模型相干时间的时域采样间隔具有一定益处,此时记录的时间样本代表独立的衰落场景。相同的原理同样适用于频率采样间隔和信道相干带宽。

　　相关性测量的空间样本位于静区的圆周上，如图 5-49 所示。测试区域是位于水平面上的以 20cm 为直径的圆周，参考点 AoA 为 270°处（以圆周上圆点标记）。为了使空间样本能够充分捕获相关性曲线的主瓣，同时控制测试时间在合理范围内，该测试采用非均匀采样方式。相比于其他象限的稀疏采样，第一象限（270°～180°）采用密集采样方式。表 5-28 定义了不同频率（小于 1800MHz，以及等于或大于 1800MHz）的空间采样的间距。图 5-50 和图 5-51 分别以中心频率 617MHz 和 4700MHz 为例，绘制了频率小于 1800MHz 和大于 1800MHz 时的采样点分布。

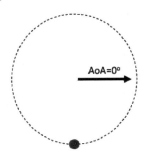

图 5-49　相关性测量空间样本参考点位置

表 5-28　测试频率小于 1800MHz 和等于或大于 1800MHz 时的空间采样间距

测 试 频 率	270°～180° 采样间隔	其余区域采样间隔
617，722，836.5 1575.42	$\lambda/15$	$\lambda/4$
1800，2132.50，2450，3600，4700	$\lambda/10$	$\lambda/2$

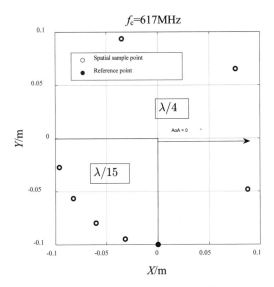

图 5-50　中心频率为 617MHz 时采样点分布

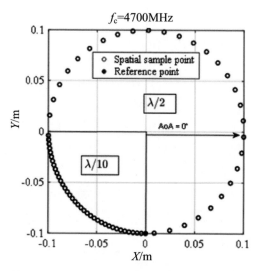

图 5-51　中心频率为 4700MHz 时采样点分布

下面假设测试系统使用图 5-50 中的测试位置，给出空间相关性验证方法，其测量的一般步骤如下。

（1）在信道仿真器中设置目标信道模型。

（2）针对测试天线的每个位置，设置信道仿真器为步进模式；测量所有步进信道快照的频域响应 $H(f,t)=H(m\Delta f,n\Delta T),m=0,\cdots,M-1$，其中频域和时域采样的间隔分别为 Δf 和 ΔT；信道快照 N 和频率样本 M 的数量应该足够大，以保证频率响应的可靠估计。

（3）使用定位器移动测量天线至下一个位置 k，重复步骤（2）并记录所有步进信道快照的频域响应 $H\_k(m\Delta f,n\Delta T)$。

（4）重复步骤（3）以记录所有空间采样点 $k=1,\cdots,K$ 的频域响应。

（5）将测量得到的时域样本与频域样本作为向量，计算第一个空间采样点（即 $k=1$）与其他空间采样点（即 $k=1,\cdots,K$）之间的相关性。

（6）$\rho\_k=\mathrm{corr}[\mathrm{vec}(H\_1(m\Delta f,n\Delta T),\mathrm{vec}(H\_k(m\Delta f,n\Delta T))]$。

（7）取得相应空间样本点的参考理论空间相关性数值，绘制空间相关性测量曲线和理论曲线。

（8）计算测量值和参考值之间的加权 RMS 相关误差。

除了频域测试方法，时域测试技术也可以用于验证空间相关性。

基于时域技术的空间相关性验证测试系统连接如图 5-52 所示。信号发生器通过 MIMO 系统发送发射载波型号，该信号由测试区域内的测试天线接收，并由频谱分析仪收集该信号，然后将信号信息保存以进行后处理工作。

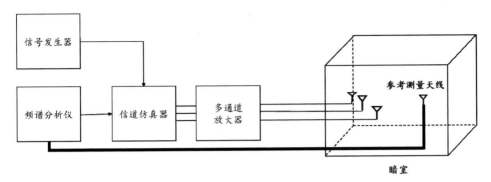

图 5-52　空间相关性验证测试系统连接图（时域）

对于每个空间采样点，每次衰落开始时信道仿真器都应发出触发信号。信号发生器频率设置为测试频段中心频率，输出功率应充分高于噪底。使用信号分析仪收集时域轨迹，完成后停止衰落。采样间隔应至少大于多普勒扩展（$fd=v/\lambda$）的 15 倍，观测时间至少为 16s，信道模型长度应等于或大于观测时间。数据的记录应与信道仿真器触发同步。通过将 m 设置为 1，按照相同的步骤对数据进行后处理并计算空间相关性。

4）交叉极化比

交叉极化比是指被测设备接收到的垂直极化与水平极化功率的比。在信道传输过程中，基站发射的垂直极化与水平极化信号经历相互独立的信道衰落到达终端。在传输过程中，水平方向上收发角度，即离开角与到达角并不会影响垂直极化信号的接收，但是会影响水平极化信号的接收。在不同的信道模型中，离开角与到达角的分布不同，因此终端在垂直与水平极化方向上接收到的功率比也不同。交叉极化比验证的目的是测量暗室中所仿真信道在垂直极化与水平极化方向上信道衰落的比，并与理论值进行对比。交叉极化比验证采用与功率延迟分布验证相同的测试系统配置。测量中，需要分别测量暗室内垂直极化方向功率与水平极化方向功率。

交叉极化比的验证测试过程如下。

（1）分别测量暗室内垂直极化方向功率与水平极化方向功率，因此暗室测量探头环上所有垂直和水平极化测量探头均需开启。

（2）按照定义的信道模型对信道仿真器进行配置，中心频率设置为测试频段中心频率，终端移动速度的设置为 30km/h。

（3）相邻两次的信道随机实现之间的间隔大于 2 个波长，其中相邻两次信道随机实现的间隔等于终端移动速度乘以每次信道随机实现的扫频测试时间。

（4）测量在暗室测试区域中心的绝对功率，网络分析仪中心频率设置为测试频段中心频率，扫频宽度为 40MHz，点数设置为 802，不使用平均功能，扫频测量次数不小于 1000 次。

（5）设置信道仿真器为步进模式，运行信道仿真器得到一次信道随机实现，暂停，使用网络分析仪测量该次随机实现的频域响应，重复上述步骤直到测量得到次信道随机实现的频域响应。

（6）使用套筒偶极子参考测量天线，将其置于暗室中心，测量暗室内垂直极化信道的频域响应，进而积分计算得到功率的垂直分量。

（7）使用磁环偶极子，测量水平极化信道功率，或者仍可使用套筒偶极子参考测量天线，但将其放置在 4 个正交的水平位置测量并求和以测量功率的水平分量。

（8）计算垂直与水平极化功率比。如果分别使用不同的参考测量天线测量垂直与水平极化信道功率，则在计算垂直与水平极化功率比时，必须先对不同的参考测量天线增益进行补偿。

交叉极化比的验证结果可以通过计算以 dB 的形式呈现，并与理论值做比较。

5）功率验证

进行吞吐量测试之前，需要对暗室中心下行信号功率进行验证，测量暗室内实际下行信号功率。功率验证系统连接如图 5-53 所示，使用基站模拟器输出多路下行 MIMO 信号到信道仿真器输入口，暗室中心测试区域内放置一根参考测量天线，与频谱分析仪输入口相连，测量验证暗室中心测试区域的总功率。其中频谱仪也可使用功率计等其他功率测量装置代替。

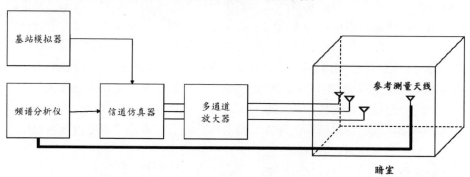

图 5-53　功率验证系统连接示意图

对于功率验证的过程，主要分为以下步骤。

（1）基站模拟器与信道仿真器的配置与吞吐量测试时的配置相同，通过参考测量天线测试暗室中心下行信号功率。

（2）验证测试中，将垂直参考偶极子放在测试区域中心，连接至频谱仪或功率计。

（3）记录线缆和参考偶极子的增益。

（4）基站模拟器以吞吐量测试时相同的配置发送 5G FR1 信号，用足够长的时间平均频谱仪接收的下行功率以考虑信道随机衰落（可能不需要进行一次完整的信道模拟）。

（5）频谱仪中心频率设置为测试频段中心频率，扫频宽度 20MHz，分辨率带宽 30kHz，视频段宽大于等于 10MHz，点数大于等于 400，平均多于 100 次，采用 RMS 检波。

（6）使用磁环偶极子，重复以上步骤以测量水平极化信道功率，或仍使用套筒偶极子参考测量天线，但将其放置在 4 个正交的水平位置测量并求和以测量功率的水平分量。最终通过两个极化方向的功率之和计算测试区域的总功率。

注意对功率的验证测试结果进行正确的线缆损耗补偿。当针对 TDD 进行暗室中心功率验证时，必须注意避免上行时隙对下行时隙功率测量的影响。

2．毫米波频段

毫米波频段终端多天线性能测试方法与 6GHz 以下频段的终端多天线性能评估类似，同样都能够采用典型的多探头全电波暗室法。但与之不同的是，由于 5G 毫米波频率高、波长短，导致其易受遮挡以及自然环境的影响；同时，波束赋形技术在 5G 的应用，意味着毫米波的波束更窄，方向性更强，传统的多探头全电波暗室无法准确地对毫米波终端多天线性能进行评估，为了准确、全面地评估毫米波终端多天线性能，需要采用三维多探头全电波暗室。

三维多探头全电波暗室法（3D MPAC）是 5G FR2 MIMO OTA 测试的参考方法。通过在被测设备周围布置天线阵列，可以模拟 3D MPAC 系统中的到达角的空间分布，使得被测设备暴露于源自复杂多径远场环境下的近场环境。

3D MPAC 系统结构如图 5-54 所示，信号通过称为空间信道模型的模拟多径环境从基站/通信测试仪传播到被测设备，在通过探头阵列将所有方向信号同时注入暗室之前，对每条路径施加适当的信道损耗，如多普勒和衰落。然后，测试区中产生的场分布由被测设备天线进行积分，并由接收器进行处理，就像在任何非模拟多径环境中一样。在 5G FR2 频段使用的 3D MPAC 系统具有 6 个双极化探头。

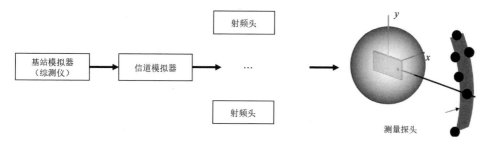

图 5-54　3D MPAC 系统结构图

对这 6 个探头的排布，3GPP 目前所研究的方案是 6 个探头按照不同的角度进行排布，排布的方案如表 5-29 所示。

表 5-29　3D MPAC 测量探头排布

探 头 编 号	$\theta/(°)$	$\varphi/(°)$
1	0.0	0.0
2	11.2	116.7
3	20.6	−104.3
4	20.6	104.3
5	20.6	75.7
6	30.0	90.0

表 5-29 中的 3D MPAC 测量探头可以使用传统毫米波探头以及基于间接远场的探头实现，只要使用相同的探头配置和相同数量的探头。

毫米波频段通信目前常采用的方式为非独立组网模式，即通信链路采用的是 LTE 频段，数据传输采用的是 5G FR2 频段。在进行信道验证前，3D MPAC 系统也需要进行校准，以确保下行链路信号功率的准确性。在非独立组网模式下，LTE 链路天线提供稳定的 LTE 信号，无须精确的路径损耗或极化控制。在测试前校准 3D MPAC 系统中每个探头的路径损耗，以便在暗室的测试区生成所需的信道模型环境。

同 FR1 的 MPAC 系统校准方法类似，FR2 的 3D MPAC 系统的校准也使用了矢量网络分析仪。对于校准测量，参考天线被放置在安静区的中心，连接一个矢量网络分析仪端口，另一个矢量网络分析仪端口连接信道仿真器单元的输入，对于每个探测天线，参考天线需要在极化方向上与对应于各自要校准的路径的探测天线保持一致。对于每个校准测量，信道仿真器需要配置为旁路模式。校准过程确定了整个接收链路径增益（测量天线、放大器增益）和损耗（开关、合路器、电缆、路径损耗等）的复合损耗。校准测量对每个测量路径（两个正交极化和每个信号路径）都要重复进行。

FR2 频段典型的静态信道场景为"UMi 城市峡谷"和室内场景，其信道验证指标包括功率延迟分布（PDP）、多普勒/时间相关性、功率角度谱相似百分比（PAS similarity percentage，PSP）、交叉极化和功率验证。

从上述 5 个指标可以看出，FR2 频段信道验证的指标与 FR1 频段的指标，在功率延迟分布（PDP）、多普勒/时间相关性、交叉极化和功率验证上是一致的，而与 FR1 频段不同的是，PSP 是 FR2 频段信道验证中独有的。如表 5-30 所示为目前常规的 FR2 频段信息。

表 5-30　FR2 频段信息

5G FR2 频段	频 率 范 围	测试频率/MHz
n257	低频	27750
n258	低频	25875
n260	高频	38500
n261	低频	27925

接下来将对 FR2 频段信道验证指标进行介绍。

1）功率延迟分布（PDP）

PDP 体现了信道平均功率随信道延迟的分布特性。无线通信环境中，信号由发射端经历不同的散射、反射路径后达到接收机端，每条路径的信道能量及延迟均不同。PDP 反映了这种信道能量在时间轴上的散布，同时其时延扩展反映了信道的频率选择性衰落带宽，或决定了信道的相干性带宽。FR2 功率延迟分布验证系统测试连接示意图如图 5-55 所示。

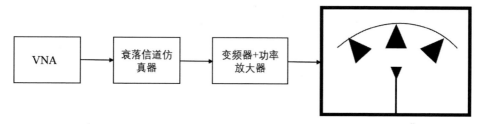

图 5-55　FR2 功率延迟分布验证系统测试连接示意图

FR2 频段的 PDP 验证方法，与 5G FR1 频段类似。具体方法如下。

（1）基于网络分析仪的测试系统配置。

（2）暗室中心参考测量天线使用垂直放置的套筒偶极子作为参考测量天线，暗室测量探头环上所有垂直极化测量探头均需开启。

（3）设置信道仿真器为步进模式，运行信道仿真器得到第 1 次信道随机实现，暂停，使用网络分析仪测量该次随机实现的频域响应，继续运行信道仿真器得到第 2 次信道随机实现，暂停，……，直到测量得到 N 次信道随机实现的频域响应。

（4）测量过程中，网络分析仪中心频率设置为测试频段中心频率，扫频宽为为 200MHz，输出信号功率−15dBm，点数设置为 1101，不使用平均功能，扫频测量次数 N 不小于 1000 次。

（5）信道仿真器中心频率设置为测试频段中心频率，终端移动速度的设置应足够大，使得信道仿真器在步进过程中，相邻两次的信道随机实现之间的间隔大于 2 个波长，其中相邻两次信道随机实现的间隔等于终端移动速度乘以每次信道随机实现的扫频测试时间。

（6）针对扫频测试得到 N 次信道随机实现的频域响应，进行傅里叶变换，得到 N 次信道随机实现的时域冲激响应，为时域延迟，$1 \leqslant n \leqslant N$ 代表不同次扫频测试得到的结果。使用下式计算信道功率延迟分布函数：

$$P(\tau) = \frac{1}{T} \sum_{t=1}^{T} |h(t,\tau)|^2 \qquad (5\text{-}15)$$

最后，对得到的功率延迟分布函数进行时移，使得第一条多径位于零时刻；对其进行功率归一化，使得第一条多径功率衰落为 0dB。使用上述处理后得到的 $P(\tau)$ 计算均方扩展时延如下：

$$\sigma_\tau = \sqrt{\left[\sum_\tau \tau^2 \frac{P(\tau)}{\sum_\tau P(\tau)} \right] - \left[\sum_\tau \tau \frac{P(\tau)}{\sum_\tau P(\tau)} \right]^2} \qquad (5\text{-}16)$$

2）多普勒/时间相关性

对于 FR2 频段，多普勒/时间相关性指标验证也需要在 3D MPAC 系统中进行。多普勒频谱由频谱分析仪测量，在这种情况下，信号发生器通过 5G FR2 MIMO OTA 测试系统传输载波信号。信号由测试区域的测试天线接收。最后，通过频谱分析仪分析信号，并将测得的频谱与目标频谱进行比较。FR2 频段的多普勒/时间相关性指标验证的测试原理如图 5-56 所示。

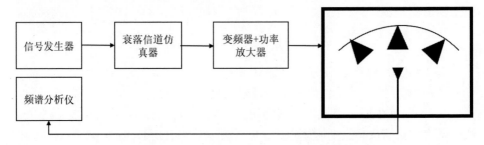

图 5-56　多普勒/时间相关性测试原理图

FR2 频段的多普勒/时间相关性验证方法，与 5G FR1 频段类似。具体方法如下。

（1）使用一个信号发生器，发射载波信号到信道仿真器输入端，暗室中心测试区域放置一根参考测量天线，与频谱分析仪输入端相连，测量分析暗室内信道多普勒频谱。其中，暗室中心参考测量天线使用垂直放置的偶极子参考测量天线，暗室测量探头环上所有垂直极化测量探头均需开启。

（2）测量过程中，信号发生器频率设置为测试频段中心频率，关闭调制功能。按照定义的信道模型对信道仿真器进行配置，信道仿真器中心频率设置为测试频段中心频率，终端移动速度设置为 3km/h 或仪表允许的最大值。信号由测试区域的测试天线接收，用频谱分析仪测量多普勒频谱并保存轨迹，其中心频率设置为测试频段中心频率，扫频宽度为 4kHz，分辨率带宽和视频段宽均设置为 1Hz，点数为 16002，平均 100 次。

（3）使用上述配置测量得到暗室内信道多普勒频谱，对其进行傅里叶变换，得到信道时间相关性函数 $R\_t(\Delta t)$。对 $R\_t(\Delta t)$ 进行归一化，使得 $\max(|R\_t(\Delta t)|)=1$，并对该函数曲线进行截取，截取其自最高点开始、向右 7 个载频周期时间长度的函数曲线。

3）功率角度谱相似百分比（PSP）

PSP 验证测量是表征 3D MPAC 静区中受测 FR2 信道模型的验证指标之一，是 FR2 频段信道验证中特有的指标。对于 PSP 验证测量，仅需要垂直极化验证。测量阵列基本上是通过 $\varphi\text{-}\theta$ 定位系统在 3D MPAC 中实现的虚拟阵列配置。测量阵列为图 5-57 所示的半圆扇形阵列配置，其中使用矢量网络分析仪设置在相隔 0.5λ 的每个天线位置处测量复信道频率响应。测量阵列的垂直扇区限制为 60°（±30°），水平扇区限制为 180°（±90°），宽侧方向指向探头。根据转台的结构/布置方式，PSP 验证的虚拟阵列配置由两个备选的半圆排列组成（1 个水平和 2 个交叉垂直或 2 个平行垂直）。在此以工作频率为 28GHz 为例，阵列元素位置相对于测试区域中心的半径为 5cm，这相当于 28GHz 时测试区域半径的一半。对于不同的频段，当阵列的空间采样变化时，测量阵列扇形半圆的半径保持固定在 5cm，而阵列的空间采样是不同的。这种测量验证了测试区域的适当角度特性。

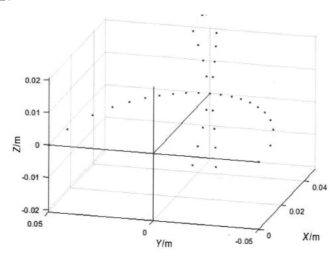

（a）具有两个交叉垂直扇区

图 5-57　具有 K=37 个元件（28GHz）的半圆测量阵列配置

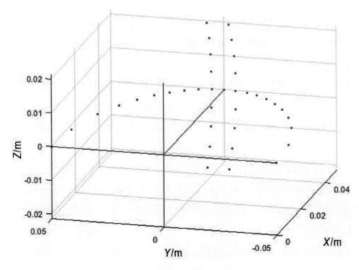

（b）具有两个平行垂直扇区

图 5-57　具有 K=37 个元件（28GHz）的半圆测量阵列配置（续）

PSP 验证系统连接如图 5-58 所示，需要使用矢量网络分析仪（VNA）。矢量网络分析仪的端口 1 通过衰落信道仿真器、变频器和功率放大器传输信号，并通过电波暗室中的 L 探头进行辐射，然后在位于测试区域的测试天线接收辐射信号；测试天线安装在 φ-θ 转台定位器上，该定位器能够根据测量阵列配置将天线移动到距离测试区域静区中心固定半径上的预定义空间位置。最后，在矢量网络分析仪的端口 2 接收信号。PSP 验证的最合适的方法是基于全向天线进行，因为测试可以很容易地实现自动化；或者，可以使用定向天线，但需要频繁进行重定位。

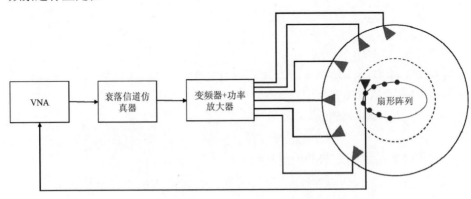

图 5-58　PSP 验证系统连接图

PSP 验证的测量和分析方法如下。

（1）在信道仿真器中设置目标信道模型，信道仿真器的中心频率设置为测试频段的中心频率。

（2）设置矢量网络分析仪的扫频宽度为仪表能达到的最小值，测量扫频次数为 1000 次。

（3）对于测试区域测量阵列配置上的测试天线的每个位置，在不同的时间间隔下开始、暂停信道仿真器，测量所有步进信道快照 $n=0,\cdots,n-1$ 的复频率响应 $H(f,t)=H(m\Delta f,n\Delta T)$，$m=0,\cdots,m-1$，其中频率和时间采样之间的间隔分别为 Δf 和 Δt，定义信道快照为 N 以及频率样本为 M。

（4）将安装在转台定位器上的测量天线移动到另外一个位置 K，重复步骤（2），记录此时测试天线在所有信道快照下的频率响应 $Hk(m\Delta f,n\Delta T)$。

（5）重复步骤（3）以记录所有 k 个空间采样点处的频率响应。k 的取值范围根据 3GPP TR 38.827 不同频率而定。

（6）通过以下两步处理估算测量的功率角度谱：第一步，通过应用 MUSIC 算法计算测量阵列配置的离散方位角和俯仰角（DoA），评估通过矢量网络分析仪复频率响应数据获取的接收信号的 DoA 和自协方差矩阵的功率，然后将近场到远场转换应用于探针和测量阵列位置之间的传递函数；第二步，使用角度和功率估计值，即 N 个方位角和仰角方向的离散功率角度谱（PAS）和功率值，结合 4×4 被测设备采样阵列，用传统的 Bartlett 波束成形器进行波束成形，评估"被测设备得到的测量 PAS"，用于 PSP 计算。

（7）通过将传统的 Bartlett 波束形成器应用于具有 4×4 被测设备采样阵列的 128 波束网格代码簿中的 OTA 探测权重和最强波束来评估 4×4 被测设备阵列的参考 OTA 功率角度谱。

（8）根据参考和测量的 PAS 计算总变化距离（D_p）

$$D_\mathrm{p}=\frac{1}{2}\int\left|\frac{\hat{P}_\mathrm{r}(\beta)}{\int\hat{P}_\mathrm{r}(\beta')\mathrm{d}\beta'}-\frac{\hat{P}_\mathrm{o}(\beta)}{\int\hat{P}_\mathrm{o}(\beta')\mathrm{d}\beta'}\right|\mathrm{d}\beta \qquad (5\text{-}17)$$

（9）计算 PSP 为 $PSP=(1-D_\mathrm{p})\times100\%$。

除了上述方法，功率角度谱相似百分比验证也可以使用时域技术，使用图 5-59 所示的测试设置来实现，时域技术验证功率角度谱相似百分比所使用的仪器中，矢量网络分析仪由信号发生器和信号分析仪所代替，也不失为一种好方法。

采用时域技术验证 PSP 的测量和分析方法如下。

采用时域技术验证 PSP 的方法遵循频域测量方法，但频率样本数 M 被设置为 1。信道仿真器没有设置步进，但它被允许在自由运行模式下对 K 个空间点中的每个点进行模拟。

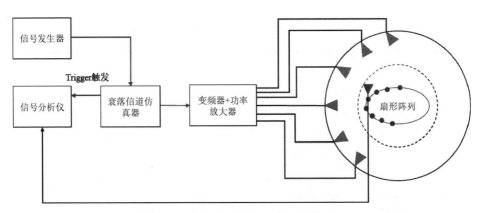

图 5-59　PSP 验证时域技术系统原理图

4）交叉极化比

与 FR1 频段类似，在 FR2 毫米波频段也需要进行交叉极化的验证，其目的是确认所测得的垂直或水平极化功率水平与预期值的吻合程度。验证方法是按照测试步骤进行测试，并在矢量网络分析仪中储存波形。

交叉极化比的验证测试过程如下。

（1）分别测量暗室垂直极化方向功率与水平极化方向功率，因此暗室测量探头环上所有垂直和水平极化测量探头均需开启。

（2）按照定义的信道模型对信道仿真器进行配置，中心频率设置为测试频段中心频率，终端移动速度设置为 3km/h。

（3）相邻两次的信道随机实现之间的间隔大于 2 个波长，其中相邻两次信道随机实现的间隔等于终端移动速度乘以每次信道随机实现的扫频测试时间。

（4）测量在暗室测试区域中心的绝对功率，网络分析仪中心频率设置为测试频段中心频率，扫频宽度为 40MHz，点数设置为 802，不使用平均功能，扫频测量次数不小于 1000 次。

（5）设置信道仿真器为步进模式，运行信道仿真器得到一次信道随机实现，暂停，使用网络分析仪测量该次随机实现的频域响应，重复上述步骤直到测量得到次信道随机实现的频域响应。

（6）使用一个双极化的喇叭天线，将其置于暗室中心，测量暗室内垂直极化信道的频域响应，并进而积分计算得到功率的垂直分量。

（7）使用同一个双极化喇叭天线，以测量功率的水平分量。

（8）计算垂直与水平极化功率比。如果分别使用了不同的参考测量天线测量垂直与水平极化信道功率，则在计算垂直与水平极化功率比时，必须先对不同的参考测量天线增益进行补偿。

（9）交叉极化比的验证结果可以通过计算以 dB 的形式呈现，并与理论值做比较。

5）功率验证

FR2 频段的功率验证同 FR1 频段类似，进行吞吐量测试之前，需要对暗室中心下行信号功率进行验证，测量暗室实际下行信号功率值。使用基站模拟器输出多路下行 MIMO 信号到信道仿真器输入口，暗室中心测试区域放置一根参考测量天线，与频谱分析仪输入口相连，测量验证暗室中心测试区域的总功率。其中频谱仪也可使用功率计等其他功率测量装置代替。FR2 频段的功率验证测试系统连接如图 5-60 所示。

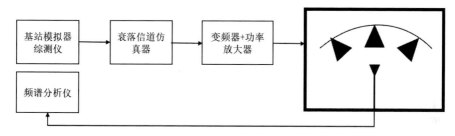

图 5-60　FR2 频段功率验证系统连接原理图

功率验证的方法如下。

（1）基站模拟器与信道仿真器的配置与吞吐量测试时的配置相同，通过参考测量天线测试暗室中心下行信号功率。

（2）验证测试中，将双极化喇叭天线放在测试区域中心，连接至频谱仪或功率计。

（3）记录线缆和参考偶极子的增益。

（4）基站模拟器以吞吐量测试时相同的配置发送 5G FR2 信号，用足够长的时间平均频谱仪收到的下行功率以考虑信道随机衰落（可能不需要进行一次完整的信道模拟）。

（5）频谱仪中心频率设置为测试频段中心频率，扫频宽度为 20MHz，分辨率带宽为 30kHz，视频段宽大于等于 10MHz，点数大于等于 400，平均多于 100 次，采用 RMS 检波。

（6）使用同个双极化喇叭天线，重复以上步骤以测量水平极化信道功率。最终通过两个极化方向的功率之和计算测试区域的总功率。

3. 信道验证实测进展

1）功率延迟分布验证结果

如图 5-61 和图 5-62 所示为不同频段 FR1 CDL-C UMa 信道模型功率延迟分布（PDP）验证的结果。图中曲线表示的实际测量结果与点表示的参考值点非常接近，验证测试结果与理论模型间有很好的一致性。

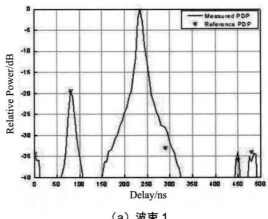

（a）波束 1

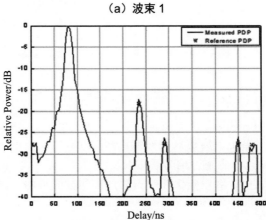

（b）波束 2

图 5-61　FR1 CDL-C UMa 信道模型 PDP 验证的结果（f<2.5GHz）

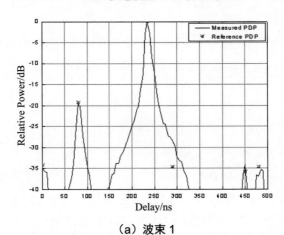

（a）波束 1

图 5-62　FR1 UMa 信道模型 PDP 验证的结果（f>2.5GHz）

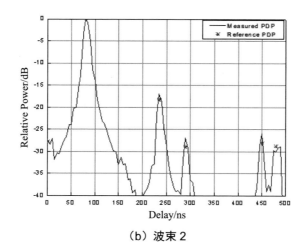

（b）波束 2

图 5-62 FR1 UMa 信道模型 PDP 验证的结果（ f >2.5GHz）（续）

2）多普勒频谱验证结果

如图 5-63 所示为 SCME UMa 信道模型多普勒频谱的测试结果。图中两条线为实测结果，−50～50Hz 处实线为信道模型的理论值，由图可见，二者较为吻合。如图 5-64 所示为多普勒频谱的傅里叶反变换曲线，即时间相关性曲线，测试曲线（下）和理论曲线（上）有较好的一致性，由此可知，信道验证的多普勒频谱与理论模型相一致。

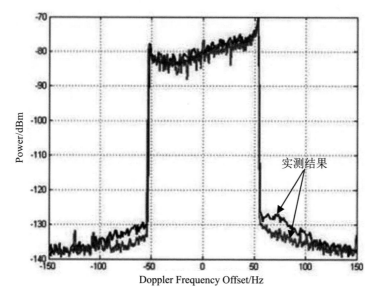

图 5-63 SCME UMa 信道模型多普勒频谱验证结果

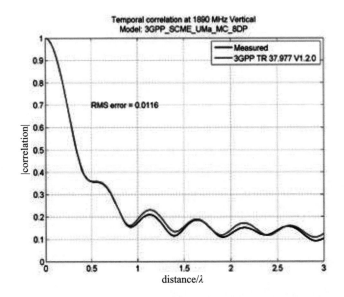

图 5-64　SCME UMa 信道模型时间相关性验证结果

　　如图 5-65 和图 5-66 所示为 5G NR FR1 MIMO OTA 时间相关性验证结果，能够从图中看出，带点的线是实际测试得到的时间相关性结果与另一条线由标准定义的参考值较为吻合。

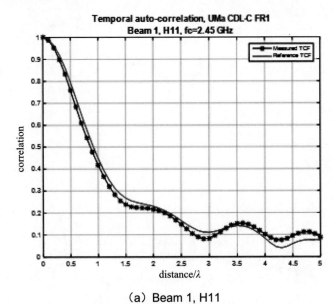

（a）Beam 1, H11

图 5-65　时间相关性验证结果（CDL-C Uma，f_c<2.5GHz）

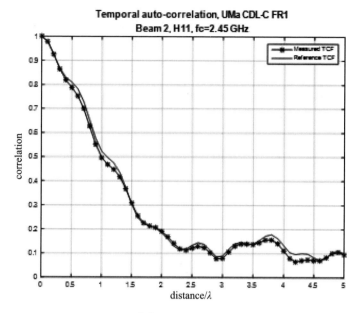

（b）Beam 2, H11

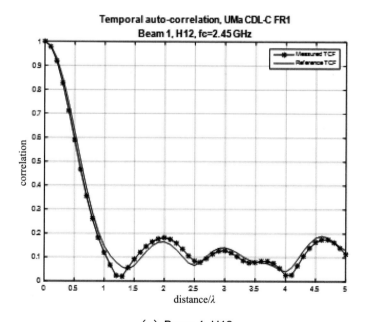

（c）Beam 1, H12

图 5-65　时间相关性验证结果（CDL-C Uma，f_c＜2.5GHz）（续）

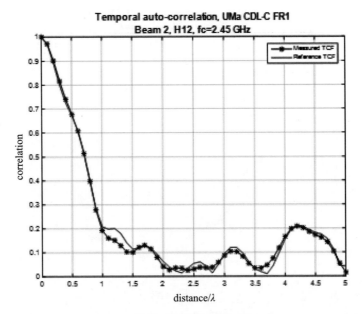

（d）Beam 2, H12

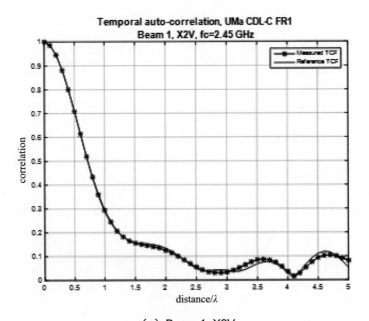

（e）Beam 1, X2V

图 5-65　时间相关性验证结果（CDL-C Uma，f_c＜2.5GHz）（续）

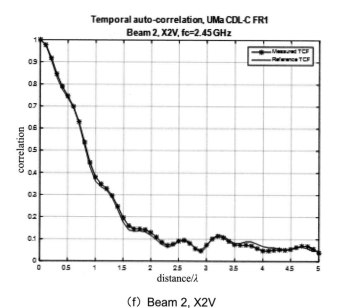

（f）Beam 2, X2V

图 5-65　时间相关性验证结果（CDL-C Uma，f_c＜2.5GHz）（续）

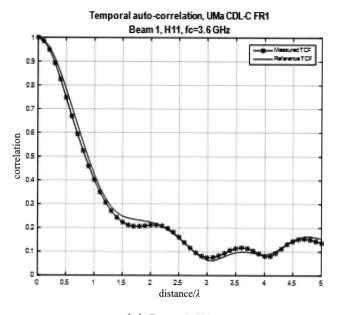

（a）Beam 1, H11

图 5-66　时间相关性验证结果（CDL-C Uma，f_c＞2.5GHz）

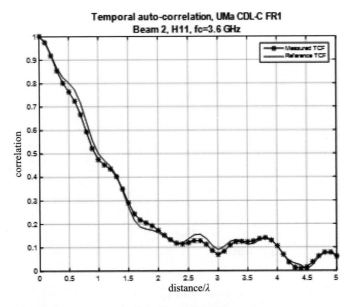

（b）Beam 2, H11

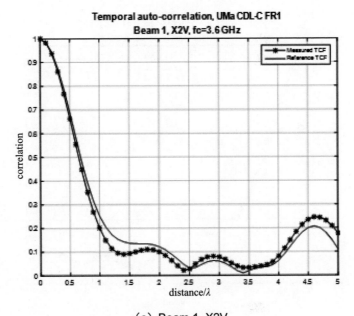

（c）Beam 1, X2V

图 5-66　时间相关性验证结果（CDL-C Uma，f_c＞2.5GHz）（续）

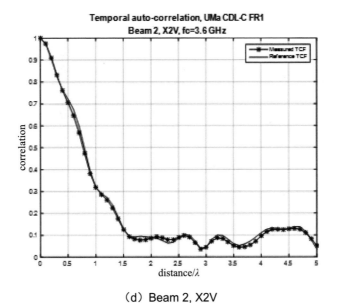

（d）Beam 2, X2V

图 5-66　时间相关性验证结果（CDL-C Uma，$f_c>2.5$GHz）（续）

3）空间相关性验证结果

如图 5-67 所示为 SCME UMa 信道模型空间相关性的测试结果。其中带圆的曲线为理论值，带三角形的曲线为 8 探头映射的拟合曲线，带菱形的曲线为实测值，由图可见实测结果与理论结果较为吻合，两条曲线的整体走势大致相同，可认为空间相关性的验证结果与理论信道模型基本匹配。

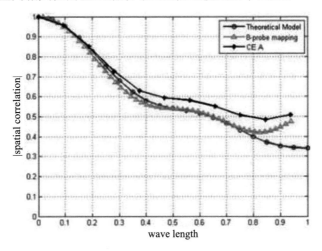

图 5-67　SCME UMa 信道模型空间相关性验证结果

如图 5-68 和图 5-69 所示为 5G NR FR1 MIMO OTA 空间相关性验证结果，能够得到带菱形的线表示的空间相关性实测值与带圆的线表示的参考值一致性较高。

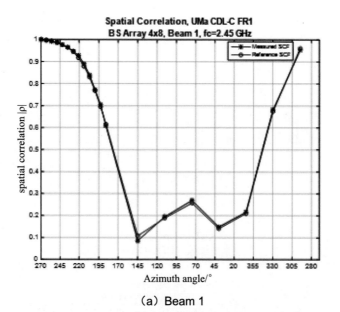

（a）Beam 1

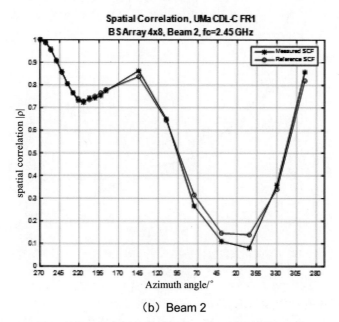

（b）Beam 2

图 5-68　空间相关性验证结果（CDL-C Uma，f_c<2.5GHz）

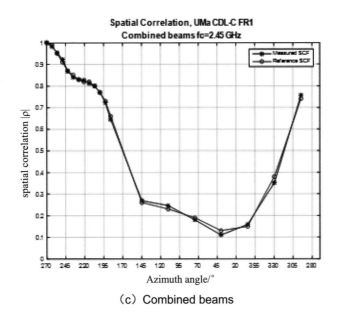

（c）Combined beams

图 5-68　空间相关性验证结果（CDL-C Uma，f_c<2.5GHz）（续）

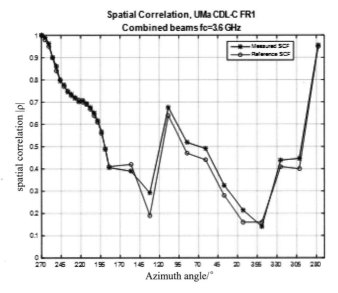

图 5-69　时间相关性验证结果（CDL-C Uma，f_c >2.5GHz）

4）交叉极化比验证结果

如图 5-70 所示为 SCME UMa 信道模型交叉极化比的测试结果。由图可见，测得的交叉极化比为 7.99dB，与理论值 8.13dB 之差在 0.9dB 之内，可认为空间相关性的验证结果与理论信道模型基本匹配。

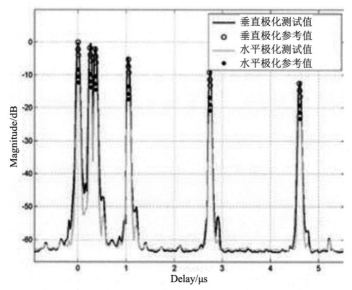

图 5-70　SCME UMa 信道模型交叉极化比验证结果

5.4.5　测试指标

吞吐量为在参考测量信道下，系统在单位时间内正确接收的传输块大小。MIMO OTA 的吞吐量性能需要在 LTE、5G NR 系统的媒体接入控制层在前向纠错（forward error correction，FRC）信道实现测量，基站模拟器发射固定大小的载荷（位）到达被测设备，经过被测设备的接收处理后给基站模拟器返回肯定应答（acknowledgement，ACK）或否定应答（nagative acknowledgement，NACK）。基站模拟器主要记录 ACK、NACK 和不连续发送传输块的传输时间间隔（discontinuous transmission – transmission time interval，DTX-TTI）。

然后按照下式计算多天线吞吐量：

$$多天线吞吐量 = \frac{基站发射载荷（位）\times ACK}{测量时间} \qquad (5\text{-}18)$$

其中测量时间为成功的 TTI（ACK），非成功的 TTI（NACK）和 DTX-TTI 的时间总和，测量时间要足够长以对随机信道影响进行充分平均。

在空口测试中，按照标准规定配置基站模拟器与信道仿真器。使用基站模拟器发射多路下行 MIMO 信号，信道仿真器收到多路下行信号后，根据设定信道模型，计算经过衰落信道后的下行信号，并将衰落后的信号映射到暗室中不同测量探头上发给被测设备。被测设备收到下行信号后，通过上行通信链路将上行信号发给基站模拟器，从而建立测试环路。

根据被测设备反馈的 ACK/NACK 统计终端下行吞吐量，调整下行信号功率，使被测设备下行吞吐量达到理论最高吞吐量的 99% 以上，记录此时被测设备一侧的下行参考信号每资源块具有的能量（reference signal energy per resource element，RS EPRE）功率（用 *RS EPRE* 功率表示），以此 *RS ERPE* 功率作为起始测试功率；若被测设备一侧的 *RS EPRE* 功率达到系统允许最高值时，被测设备下行吞吐量仍不能达到理论最高吞吐量的 99%，则以系统允许最高 *RS EPRE* 功率作为起始测试功率。

在被测设备初始测试位置，由起始测试功率开始，调整被测试设备 *RS EPRE* 功率，记录不同下行 *RS EPRE* 功率时被测设备的下行吞吐量。测量得到下行吞吐量随 *RS EPRE* 功率的变化曲线，曲线至少应当覆盖理论最高吞吐量 70%～90% 的区间，并且在理论最高吞吐量 70% 和 90% 处 *RS EPRE* 功率步进不应超过 0.5dB。

调整被测设备在水平方向上的朝向，以 30° 为间隔，在水平面其他 11 个被测设备朝向分别测量上述吞吐量曲线。各被测设备朝向的吞吐量曲线覆盖范围和精度均应满足以上要求。

1. 6GHz 以下频段

对于 5G FR1 频段，MIMO OTA 的典型测试方案包括多探头全电波暗室法（MPAC）与辐射两阶段法（RTS），其中 MPAC 为 3GPP 采纳的参考方法已被写入 3GPP TR 38.827、3GPP TS 38.151；RTS 也被 3GPP 采纳成为 5G FR1 MIMO OTA 的测试方案，但这种方案为第二优先级，作为一种可比拟法写入 TR 38.827。本节主要介绍 MPAC 测试方案。

表 5-31 对比了 5G FR1 MIMO OTA 测试方案与现有 LTE MIMO OTA 测试方案的关键差异。不同于 LTE 时的城区微小区空间信道模型扩展（SCME UMi）与城区宏小区空间信道模型扩展（SCME UMa），5G 基于 3GPP TR 38.901 定义的集群延迟线（CDL）信道模型重新制定了多个适用于 5G MIMO OTA 性能评估的信道模型，其中典型的信道模型为应用于 5G 4×4 MIMO OTA 测试的 UMa CDL-C 模型。

为了保证能在暗室测试区域精准复现具有特定功率强度、时延、来波角与相关性等特性参数的无线信道环境，5G FR1 MIMO OTA 测试系统在传统 LTE 多探头法的基础上对探头数量与位置进行了升级，将探头之间的间隔角由 45° 减小至 22.5°，从而使得构建 5G 典型信道模型（UMa CDL-C）时的加权相关性均方根误差可在 0.2 以下。优化之后的方案采用 16 个环形均匀分布在 xy 平面的探头，在支持 5G FR1 频段多天线吞吐量测试同时，可以向前兼容 LTE MIMO OTA 测试，并且易于拓展以支持其他信道模型。

表 5-31 LTE 与 NR MIMO OTA 多探头测试方案对比

参　　数	3GPP LTE	CTIA LTE	CCSA LTE	3GPP NR FR1
MPAC探头结构	8 个环形均匀分布探头	8 个环形均匀分布探头	8 个环形均匀分布探头	16 个环形均匀分布探头
MIMO	仅 2×2	仅 2×2	仅 2×2	2×2 与 4×4
信道模型	SCME UMi	SCME UMa	SCME UMi	4×4 MIMO: UMa CDL-C① 2×2 MIMO②: UMi CDL-C
测试带宽	FDD: 10MHz TDD: 20MHz	FDD: 10MHz TDD: 20MHz	FDD: 10MHz TDD: 20MHz/15MHz（B34）	FDD: 10MHz TDD: 40MHz
调制方式	64QAM	64QAM	64QAM	4×4 MIMO: 16QAM 2×2 MIMO: 64QAM
环境条件	噪声受限	干扰受限	噪声受限	噪声受限
测试区域尺寸	<1GHz: 30cm >1GHz: λ	<1GHz: 30cm >1GHz: λ	N/A	20cm
品质因数	总多天线辐射灵敏度 $TRMS$	MIMO 平均辐射 SIR② 灵敏度	$TRMS$	$TRMS$
指标平均方式	P_{MODE}: 调和平均 S_{MODE}: 调和平均	P_{MODE}: 线性平均 S_{MODE}: 无平均	P_{MODE}: 调和平均 S_{MODE}: 线性平均	P_{MODE}: 调和平均 S_{MODE}: 调和平均
目标吞吐量	理论最大吞吐量（TP）的 95%/70%	理论最大吞吐量的 95%/90%/70%	理论最大吞吐量的 90%/70%	理论最大吞吐量的 70%
角限制	11 个角达到 70% TP; 10 个角达到 95% TP	全部 12 个角达到 70% TP; 11 个角达到 90% TP; 10 个角达到 95% TP	全部 12 个角达到 70% TP; 11 个角达到 90% TP	11 个角达到 70% TP③; 10 个角达到 90% TP④

① 对于 FR1 2×2 MIMO OTA 测试，同意采用 CDL-C UMi 模型作为基线开展下一步工作。
② 信干比（signal interference rate，SIR）。
③ 对于 40MHz 信道带宽，基于当前的 RS EPRE 功率假设，定义共 12 个角应至少 11 个角达到 70%最大吞吐量。
④ 作为研究起点，将在 10 个角上达到 90%最大吞吐量作为附加限制条件，具体角个数待进一步研究。

如图 5-71 所示为 FR1 MIMO OTA 多探头暗室测试系统框架示意图，主要由基站模拟器、信道仿真器、多通路放大器与 MPAC 暗室组成。在测试过程中，被测设备放在暗室中心的测试区域，在 xy 水平面以 30°为步长进行旋转，在 12 个不同方位角方向依次进行下行吞吐量测试。对于每个测试方向，由起始下行功率开始调整被测设备侧的 *RS EPRE* 功率，并记录被测设备对应的下行链路吞吐量，将达到理论最高吞吐量 70%时的最小下行 *RS EPRE* 功率作为该测试角 α 上的多天线辐射灵敏度 $P_{\mathrm{Mode},\alpha}$。

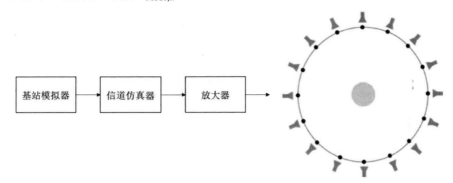

图 5-71　5G FR1 MIMO OTA 多探头暗室测试系统示意图

定义总多天线辐射灵敏度 *TRMS* 反映 5G FR1 无线终端多天线的接收性能，即终端在空间二维平面上的多天线接收灵敏度调和平均值。采用 MODE 指代在自由空间下竖直倾斜（FS DMP）、水平倾斜（FS DML）与水平屏幕向上（FS DMSU）共三种被测设备的测试场景，$\{P_{\mathrm{MODE},0}, \cdots, P_{\mathrm{MODE},11}\}$ 指代在每种测试场景的 12 个方位角上测量得到的接收灵敏度值。最终 *TRMS* 可由下式获得：

$$TRMS_{\mathrm{average},70} = 10\lg\left[3 \Big/ \left(\frac{1}{10^{S_{\mathrm{FS\_DMP},70}/10}} + \frac{1}{10^{S_{\mathrm{FS\_DML},70}/10}} + \frac{1}{10^{S_{\mathrm{FS\_DMSU},70}/10}}\right)\right] \quad (5\text{-}19)$$

其中

$$S_{\mathrm{MODE},70} = 10\lg\left[12 \Big/ \left(\frac{1}{10^{P_{\mathrm{MODE},70,0}/10}} + \frac{1}{10^{P_{\mathrm{MODE},70,1}/10}} + \cdots + \frac{1}{10^{P_{\mathrm{MODE},70,11}/10}}\right)\right] \quad (5\text{-}20)$$

针对每种测试场景，被测设备都需要在一定角限制下达到 70%与 90%理论最大吞吐量。

对于每台 MIMO 被测设备，应当在模拟信道环境的一系列水平方位位置进行测量，以获取被测设备的 MIMO 接收机性能相对于水平方位位置的函数。对于小于 1GHz 的工作频段，应当在每个水平方位位置确定产生 95%、90%和 70%的最大吞吐量的平均信干比 *SIR*。对于频率大于 1GHz 的工作频段，只需要在每个水平方位位置确定产生 95%最大吞吐量的平均信干比。无论采用何种方法确定每个吞吐量点，两次完整的吞吐量测量之间的功率步进不得超过 0.5dB。

最后根据每个水平方位位置确定的 *SIR* 电平确定平均 MIMO 性能指标。

　　CTIA 的 MIMO OTA 测试标准，采用对被测设备的下行链路信干比进行控制的测试环境，该环境与通常用于评估接收机灵敏度的测试环境不同。

　　接收机灵敏度通常采用能够在接收机的输出端提供规定的性能水平的最小下行链路功率进行评估。例如，用于测量 5G 被测设备的参考灵敏度的测试系统，将建立获得指定数据吞吐量所需的最小下行链路功率。在该测试配置下，被测设备的小信号性能通常受到其内部噪底的限制。但是，这样的测量对于被测设备 MIMO 性能的评估没有意义。只有在支持 MIMO 的被测设备没有受到任何同信道干扰的情况下，其空间复用性能才由其内部噪底决定。但是，在实际的网络部署环境中，几乎没有不存在同频干扰的区域。

　　在实际的网络部署环境中，同信道干扰（或 *SIR*）将是决定待测 MIMO 终端空间复用性能的关键因素。因此，采用满足指定的数据吞吐量要求的最低 *SIR* 作为性能评价指标，对待测 MIMO 终端的空间复用性能进行评估。在干扰受限的测试环境中，待测 MIMO 终端将暴露于来自模拟小区的相对较高的物理下行链路信号功率电平（physical downlink shared channel-energy per resource element，PDSCH-EPRE）之下，同时改变加性高斯白噪声源（additional white Gauss noise，AWGN，用于模拟实际网络中的同信道干扰）的发射功率，从而改变测试区域中心的信干比。在测试过程中，AWGN 噪声功率应采用衰落的全向信号表示。

　　使用 MIMO 平均辐射 SIR 灵敏度（MIMO average radiated SIR sensitivity，MARSS），作为干扰受限测试环境中被测设备的 MIMO 吞吐量性能指标。灵敏度点定义为产生 95%、90% 和 70% 理论最大吞吐量的最小 *SIR* 电平。使用这些溢出点（95%、90% 和 70%）处的 *SIR* 电平作为第 *m* 个被测设备水平位置的有效吞吐量 *SIR* 灵敏度，分别记为 $P_{\text{ETSS},70,m}$、$P_{\text{ETSS},90,m}$ 和 $P_{\text{ETSS},95,m}$。MARSS 定义为所有被测设备位置的有效吞吐量 *SIR* 灵敏度测试结果的线性平均，记为

$$S_{\text{MARSS},70} = 10\lg\left[\frac{1}{M}\sum_{m=1}^{M}10^{\frac{P_{\text{ETSS},70,m}}{10}}\right] \tag{5-21}$$

$$S_{\text{MARSS},90} = 10\lg\left[\frac{1}{M}\sum_{m=1}^{M}10^{\frac{P_{\text{ETSS},90,m}}{10}}\right] \tag{5-22}$$

$$S_{\text{MARSS},95} = 10\lg\left[\frac{1}{M}\sum_{m=1}^{M}10^{\frac{P_{\text{ETSS},95,m}}{10}}\right] \tag{5-23}$$

式中：*M* 为被测设备水平测试位置数目。

2．毫米波频段

针对 5G FR2 场景，高度集成的射频前端以及波束赋形等技术使得终端性能指标的评估面临很大挑战，基于毫米波频段的 MIMO OTA 测试方案需要进一步研究。静态场景下的吞吐量性能测试是 3GPP 研究的第一优先级，动态场景下的测试为第二优先级。

不同于 FR1 频段，FR2 MIMO OTA 将采用 3D 信道模型，典型测试场景为室内办公室和城市微小区，测试系统为 3D MPAC。对于 FR2 频段，随着频率的提高以及基站和终端的波束赋形技术，确定 3D MPAC 方案中天线探头的数量、位置和权重是准确构建定义信道模型的关键。探头的摆放和权重主要取决于如何准确地构建无线信道环境，在毫米波频段，评价信道模型准确性的指标是功率角度谱相似度百分比（PSP），这与 FR1 频段通常采用空间相关性作为评价指标是不同的。3D 多探头在暗室静区内构建的功率角度谱与理论值越接近，说明测试系统的准确性越高。如何优化信道 PSP，业界相关专家已经提出了多种潜在的 3D MPAC 探头摆放方案，目前已经确定使用 6 个非均匀分布天线探头的 3D MPAC 系统用于 5G FR2 MIMO OTA 测试，其系统框架如图 5-72 所示。基于此业界给出了相应的测试系统方案，其外观和暗室环境如图 5-73 和图 5-74 所示。

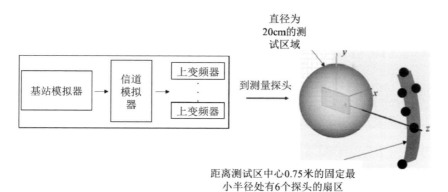

图 5-72　5G FR2 MIMO OTA 3D MPAC 系统示意图

与 FR1 频段不同，FR2 频段无线终端多天线的接收性能指标为 MIMO 平均球面覆盖 *MASC*，反映了终端在空间三维球面上的多天线接收灵敏度平均值。5G FR2 MIMO OTA 需要测试 3D 球面上的 36 个均匀分布的点，取其中最好的 18 个灵敏度进行平均，计算得到 *MASC*。

$$MASC_{70} = 10\lg\left[\frac{18}{\frac{1}{10^{\frac{P_{70,1}}{10}}} + \frac{1}{10^{\frac{P_{70,2}}{10}}} + \cdots + \frac{1}{10^{\frac{P_{70,18}}{10}}}}\right] \quad （5\text{-}24）$$

式中：$\{P_{70,1}, ..., P_{70,18}\}$ 是从 36 个均匀测试点上测得的最好的 18 个灵敏度。

图 5-73　3D MPAC 业界测试系统方案外观　图 5-74　3D MPAC 业界测试系统方案暗室环境

5.4.6　MIMO OTA 测量不确定度分析

在进行终端 MIMO 天线性能测试时，需要考虑测量过程中的不确定度。正如上文所提到的，在 MIMO OTA 多天线性能测试时，需要按照相应的不确定度因素来源依据进行测量不确定度分析。

1. 多探头全电波暗室 MIMO OTA 测量不确定度因素

在多探头全电波暗室进行终端 MIMO 天线性能测试时，需要按照表 5-32 所示的因素进行不确定度分析。

表 5-32　多探头全电波暗室 MIMO 天线性能测试系统不确定度分析

1. 吞吐量测量部分
（系统模拟器/综测仪）/信道仿真器与测量天线间失配
信道仿真器与功率放大器间失配（若存在）
放大器增益漂移（若存在）
测量天线测试线缆因子
测量天线插入损耗
测量天线端衰减器插入损耗（若存在）
系统模拟器/综测仪绝对输出电平和稳定度

续表

测量距离： ——被测设备相位中心与旋转轴中心的偏差 ——被测设备对测量天线阻塞影响 • 电压驻波比 • 暗室驻波 ——被测设备的相位曲率
测试环境中温度的影响
人头部、手模型不确定度的影响
被测设备的定位不确定度
空间网格粗略取点对测试结果的影响
有限次随机信道实现的影响
多条信号通路合并的影响
信道仿真器引入的信号失真
吞吐量测试中下行功率调整步长的影响
吞吐量测量不确定度
测试区域中心信号功率与相位的影响
测试区域中心信号功率与相位漂移的影响
多探头间的互耦
2. 路径损耗测量部分
发送端失配：（即信号源与校准参考天线间失配）
接收端失配：（即接收设备与测量天线间失配）
信号源：绝对输出电平和稳定度
校准参考天线测试线缆因子：测量天线测试线缆对测试的影响
插入损耗：校准参考天线测试线缆
插入损耗：测量天线测试线缆
插入损耗：校准参考天线端衰减器（若存在）
插入损耗：测量天线端衰减器（若存在）
接收设备：测量绝对值的不确定度
校准参考天线相位中心与旋转中心的偏差
静区内纹波及重复性的影响
天线：校准参考天线增益和辐射效率

2. 混响室测试系统 MIMO OTA 测量不确定度因素

在混响室测试系统进行终端 MIMO 天线性能测试时，需要按照表 5-33 所示的因素进行不确定度分析。

表 5-33 混响室 MIMO 天线性能测试系统不确定度分析

不确定性因素
吞吐量测量阶段
发射机链的失配（如固定测量天线与基站仿真器之间）
发射机链的插入损耗
固定测量天线测试线缆的影响
固定测量天线的绝对天线增益的不确定性
基站仿真器：绝对输出功率的不确定性
吞吐量测量：输出功率步长分辨率
吞吐量测量的统计不确定性
衰落信道仿真器输出的不确定性（如果使用）
信道模型实现
混响室统计纹波和重复性
被测设备外壳的额外功率损耗
不确定性因素
被测设备灵敏度漂移
与模型相关的不确定度（如使用模型）
——人手模型介电特性和形状的不确定度
——笔记本电脑模型的不确定度
随机不确定性（重复性）
校准测量阶段
网络分析仪的不确定性
接收机链的失配
校准天线馈线电缆的影响
固定测量天线电缆的影响
固定测量天线的绝对天线增益的不确定性
校准天线的绝对增益/辐射效率的不确定性
混响室统计纹波和重复性

3. 辐射两阶段法测试系统 MIMO OTA 测量不确定度因素

在使用辐射两阶段法测试系统进行终端 MIMO 天线性能测试时，需要按照表 5-34 所示的因素进行不确定度分析。

表 5-34　辐射两阶段法 MIMO 天线性能测试系统不确定度分析

不确定度因素
第一阶段　终端复天线方向图测量
下行传输链路的失配（如探头天线/基站仿真器/信道仿真器之间的失配）
传输链路的差损
探头天线测试线缆的影响
探头天线绝对增益的不确定度
基站仿真器绝对输出功率的不确定度
5G 频段带宽范围内的不平坦
被测设备接收机幅度测量的线性度
测量距离
——被测设备相位中心与坐标系旋转中心的偏差
——被测设备与探头天线之间的互耦
——被测设备的相位曲率
静区质量
与模型相关的不确定度（如使用模型）
——人手模型介电特性和形状的不确定度
——笔记本电脑模型的不确定度
采样网格
随机的不确定度（可重复性、相对 SAM 的位置不确定性或被测设备插入笔记本电脑模型的不确定性）
不确定度因素
模型的校准测量（使用网分的方法）
网络分析仪的不确定性
传输链路的失配（如探头天线和网分之间的失配）
传输链路的插损
校准天线连接的失配
校准天线线缆的影响
探头天线线缆的影响
探头天线绝对增益的不确定度
校准天线绝对增益/辐射效率的不确定度
测量距离
——校准天线相位中心与坐标系旋转中心的偏差
——校准天线与探头天线之间的互耦
——校准天线的相位曲率
静区质量

续表

基于有线连接的第二阶段吞吐量测试
被测设备天线系统辐射连接和线连模式测试连接的失配
传输链路的插入损耗
基站仿真器绝对输出功率的不确定度
5G NR 基站仿真器绝对输出功率的不确定度
天线方向图与 MIMO 信道模型的联合模拟
信道模拟器输出的不确定度
信道模型的实现
吞吐量测试：输出功率步进的分辨率
吞吐量测试的统计不确定度
吞吐量数据速率的归一化
基于空口辐射法的第二阶段吞吐量测试
传输链路的插入损耗
基站模拟器绝对输出功率的不确定度
5G NR 基站仿真器绝对输出功率的不确定度
天线方向图与 MIMO 信道模型的联合模拟
信道模拟器输出的不确定度
信道模型的实现
吞吐量测试：输出功率步进的分辨率
吞吐量测试的统计不确定度
吞吐量数据速率的归一化
通道之间隔离度损失的影响

第 6 章

终端天线认证要求

在第 5 章中，主要针对终端的天线性能测试的测试条件及测试用例进行介绍。在天线性能测试中，不同的国家及地区对于终端性能的要求是不同的。因此，不同国家及地区的政府及运营商有各自的天线认证要求。本章将对目前国内外政府部门、行业及主流运营商的认证要求进行介绍。

6.1 政 府 监 管

6.1.1 我国进网检测

我国进网 OTA 检测参考的主要标准为 YD/T 1484 系列标准。OTA 进网检测要求的测试频段有 CDMA 1X Cell、WCDMA BAND I、GSM 900、GSM 1800、TD-SCDMA A、TD-SCDMA F、cdma2000 EVDO Cell、FDD LTE 3、TD-LTE 38/39/40/41、5G n78/n79/n41 NSA/SA n28 SA。

进网的设备类型分为手机类和数据终端类两种产品。

1. 手机类产品

（1）CDMA 1X Cell、WCDMA BAND I、GSM 900、GSM 1800、TD-SCDMA A、TD-SCDMA F 要求测试人头部右耳和人头部右耳加右手两种状态。

（2）CDMA2000 EVDO Cell、FDD LTE 3、TD-LTE 38/39/40/41 要求测试自由空间和单右手两种状态。

（3）5G n78/n79/n41 NSA/SA n28 SA 要求测试自由空间状态。

2. 数据终端类产品

对于数据终端类产品，所有制式都只测自由空间状态。

6.1.2 欧洲 CE 认证

2020 年，CE 认证新增 WCDMA OTA 测试要求，参考标准 ETSI 301 908-2

13.1.1 版本,要求宽度小于 72mm 的手机需要测试 WCDMA Band I 和 WCDMA Band VIII 在人头部加人手模型的 OTA 指标。

2022 年,ETSI 发布 EN 301 908-13 V13.2.1 版本标准,该标准新增 LTE OTA 测试要求,要求宽度在 56～72mm 之间的手机需要测试 LTE Band 1、3、7、8、20、28、38、40 在人头部加人手模型的 OTA 指标。预计 2023 年 CE 认证将强制上述 LTE OTA 测试要求。

6.2 行 业 认 证

6.2.1 PTCRB 认证

PTCRB(PCS Type Certification Review Board)是指个人通信服务型号认证评估委员会,由北美移动运营商于 1997 年成立。目前,PTCRB 认证的运营商已经不仅限于北美,而是已经涵盖了全球范围内的移动运营商成员。其目的是为包括 Cellular GERAN(GSM)、UTRAN(UMTS)、E-UTRAN(LTE)、5G 多种通信制式在内的终端产品和模组提供型号认证。

PTCRB 认证 OTA 测试依据的标准包括 CTIA OTA 系列标准和 CWG WIFI OTA 标准,对于支持蜂窝的手机、数据终端、可穿戴设备等要求依据标准进行 OTA 测试。

2022 年,CTIA 发布 4.0 版本 OTA 系列标准,该标准定义了 GSM、WCDMA、CDMA、LTE、5G FR1 频段的 Cellular SISO OTA 和 AGPS OTA 测试方法与要求、LTE 频段的 Cellular MIMO OTA 测试方法与要求、毫米波频段的 Cellular SISO OTA 测试方法与要求。

CWG WIFI OTA 当前最新标准为 2021 年发布的 2.2.1 版本。该标准定义了 802.11a、802.11b、802.11g、802.11n、802.11ac 技术的 OTA 测试方法与要求,同时定义了 Cellular 通信与 WIFI 通信互干扰测试方法与要求。

6.2.2 GCF 认证

GCF(Global Certification Forum)通常指全球认证论坛,于 1999 年成立,是由运营商和终端制造商共同成立的组织,目的是通过独立的认证过程确保终端的全球互操作。它包含了主要的网络运营商和世界主流的终端制造商,并邀请测试仪器仪表开发商参加 GCF 的活动。

GCF OTA 认证测试依据的标准是 3GPP TS34.114 和 TS 37.544 标准，TS 34.114 当前最新标准为 12.2.0 版本，TS 37.544 当前最新标准为 16.2.0 版本。GCF OTA 认证要求支持蜂窝的手机、数据终端等依据标准进行 OTA 测试，测试内容包括 GSM 和 WCDMA 制式的 Cellular SISO OTA。

6.3　运营商认证

本节主要介绍国际运营商当前的 OTA 测试标准和要求。产品如果要在运营商网络下使用，OTA 性能必须满足各运营商的要求。

1．德国沃达丰（Vodafone Deutschland）

德国 Vodafone OTA 认证测试标准为 Vodafone Specification for Terminals on Over the Air RF Performance，当前有效版本为 5.1 版。该标准定义了手机、数据类设备、物联网设备的 Cellular SISO OTA 测试要求，要求测试的通信制式包括 GSM、WCDMA、LTE、5G FR1、Cat M、NB-IOT。针对手机类产品，Vodafone 还要求测试 Cellular MIMO OTA 性能。

2．法国 Orange

法国运营商 Orange 认证要求测试 Cellular SISO OTA 性能，涉及的通信制式包括 GSM、WCDMA、LTE、5G FR1。涉及的产品类别包括手机、平板电脑、笔记本电脑、数据终端等。

3．美国 T-Mobile

T-Mobile 的 OTA 认证测试参考标准为 Radiated Performance TRD，当前有效版本为 2022 1Q。该标准定义了 Cellular SISO OTA、AGPS OTA、WIFI OTA 测试要求。Cellular 和 AGPS 包括的制式有 GSM、WCDMA、LTE、5G FR1。WIFI 包括的制式有 802.11a、802.11b、802.11g、802.11n、802.11ac。涉及的产品种类包括手机、上网（netbooks）本、笔记本电脑和平板电脑等。

4．美国 AT&T

AT&T 的 OTA 测试参考标准为 13340 Device Requirements，当前有效版本为 21.3 版。该版标准定义了 Cellular SISO OTA、Cellular MIMO OTA、AGPS OTA 的测试要求。Cellular SISO 要求的测试制式包括 LTE、5G FR1、5G FR2。Cellular MIMO 要求的测试制式为 LTE。A-GPS 要求的制式有 WCDMA、LTE。涉及的产品种类包括手机、上网本、笔记本电脑和平板电脑等。

6.4 测试实验室情况

OTA 天线性能检测是传统的无线设备检测项目。目前,具备 OTA 检测能力的组织机构数量较多。

从两个主要的 OTA 暗室供应商 ETS 和 SATIMO 了解,在我国大陆和台湾地区 OTA 暗室的数量超过 500 个,主要包括检测实验室如中国信通院泰尔终端实验室、SGS、Sporton 等,无线产品企业如华为、小米、VIVO 等,科研院校如清华大学、北京邮电大学等,运营商如中国移动 CMCC 及其他各类相关机构。除检测实验室外,其他 OTA 相关的组织机构主要从事 OTA 研发、科研、摸底等测试。

OTA 测试中最大的认证检测业务是北美 PTCRB 认证,CTIA 授权是从事 PTCRB 认证的必备条件,我们主要分析大陆和台湾具备 CTIA 授权的实验室情况。

从 CTIA 网站可以查询到我国授权实验室列表,注意 CTIA 授权是以地点来划分的,同一个实验室的不同地点,在 CTIA 列表里分别以多个授权地点出现。

当前 CTIA 授权实验室主要包括中国信通院及分院、Sporton、SGS、BV、Intertek 天祥集团、晶复科技、华美钠、上海泰捷、华瑞赛维、国家无线电监测中心检测中心等。

从地域布局看,大陆 CTIA 实验室地点 15 个,台湾 CTIA 实验室地点 11 个。大陆分别为深圳 6 个、东莞 1 个、上海 3 个、昆山 1 个、北京 4 个,主要集中在珠三角和长三角手机企业较集中的区域,可以为客户提供更高效的本地化服务。

从授权资质看,所有 26 个实验室地点都具备 SISO OTA 资质,其中 19 个实验室地点具备 CWG WIFI OTA 资质,9 个实验室地点具备 MIMO OTA 资质。中国信通院泰尔终端实验室属于 3 个资质都具备的实验室。

目前实验室可以覆盖如下 OTA 测试能力。

(1)Cellular OTA 支持 GSM、WCDMA、CDMA、TD-SCDMA、LTE、5G FR1、毫米波频段。

(2)WIFI OTA 支持 802.11a、802.11b、802.11g、802.11n、802.11ac。

(3)A-GNSS OTA 支持 2G/3G/4G/5G FR1 蜂窝辅助下 A-GPS OTA、4G 蜂窝辅助下 A-GLONASS OTA、4G 蜂窝辅助下 A-Galileo OTA。

(4)支持物联网技术 Cat M、NB-IOT、BT 蓝牙 OTA。

(5)MIMO OTA 支持 4G LTE/5G FR1 MIMO OTA。

(6)支持 400MHz~18GHz 的无源天线测试,可以测量增益、效率、驻波比等参数。

(7)支持毫米波 SISO OTA 测试,频段包括 n257、n258、n260、n261;已获得的资质授权包括 CTIA、GCF、Vodafone、Orange、T-Mobile、AT&T、

VZW 等。

如表 6-1 所示为目前实验室拥有的暗室情况。

表 6-1　暗室情况汇总

暗 室 型 号	暗 室 类 型	支持的测试能力	暗 室 照 片
ETS AMS8600	传统单探头组合轴暗室	Cellular OTA AGNSS OTA WIFI OTA 物联技术 OTA 无源测试	
ETS AMS8800	传统单探头分布轴暗室	Cellular OTA AGNSS OTA WIFI OTA 物联技术 OTA 无源测试	
ETS AMS8923	传统多探头分布轴暗室	Cellular OTA 物联技术 OTA MIMO OTA	
ETS AMS8947	传统多探头分布轴暗室	Cellular OTA 物联技术 OTA MIMO OTA	

续表

暗 室 型 号	暗 室 类 型	支持的测试能力	暗 室 照 片
Bluetest RTS60	混响室	Cellular OTA MIMO OTA	
ETS AMS5703	毫米波紧缩场系统	毫米波 SISO OTA 测试	
R&S WPTC-L	毫米波近远场系统	毫米波 SISO OTA	
ETS 远场暗室	毫米波远场系统	毫米波 SISO OTA 毫米波 MIMO OTA	

第 7 章

展望

移动通信已经深刻地改变了人们的生活，但人们对更高性能移动通信的追求从未停止。为了应对未来爆炸性的移动数据流量增长、海量的设备连接、不断涌现的各类新业务和应用场景，第五代移动通信（5G）系统应运而生。

7.1　5G 通信总体展望

5G 通信将渗透到未来社会的各个领域，以用户为中心构建全方位的信息生态系统。5G 将使信息突破时空限制，提供极佳的交互体验，为用户带来身临其境的信息盛宴；5G 将拉近万物的距离，通过无缝融合的方式，便捷地实现人与人、人与物、物与物之间的智能互联。5G 将为用户提供光纤般的接入速率，"零"时延的使用体验，千亿设备的连接能力，超高流量密度、超高连接数密度和超高移动性等多场景的一致服务、业务及用户感知的智能优化，同时将为网络带来超百倍的能效提升和超百倍的比特成本降低，最终实现"信息随心至，万物触手及"的总体愿景，如图 7-1 所示。

7.2　5G 终端测试演进展望

随着 5G 关键技术（如 Massive MIMO、毫米波等技术）的普及，5G 终端和现有终端有很大不同。高频、高带宽、大规模天线、复杂的三维建模，使得5G 测试与 4G 相比区别很大，使用传统方法测试成本急剧升高，所以降低成本是整个行业发展的需要。

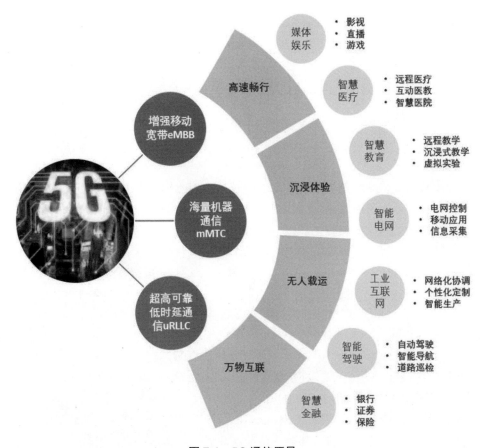

图 7-1　5G 通信愿景

7.2.1　OTA 模式将成为必然选择

　　5G 通信系统将使无线用户数大幅增加,用户都希望自己的移动终端设备具有更优质的通信质量和更高的可用性,故提高网络和设备的可靠性势在必行。OTA 测试是评估和确定移动终端以及基站的可靠性和性能特性的十分重要的一个环节,其测试环境需要十分接近移动终端的实际使用环境。单纯依靠线缆连接进行测试,且不说是否有可行性,线缆连接本身的复杂性和不稳定性以及无法模拟现实环境的缺陷导致其不能准确表征移动终端在实际环境中真实的性能表现。

　　对目前乃至未来的无线通信终端而言,大规模、乃至更大规模天线的应用将成为必然,这也意味着被测设备的集成度逐渐提升,无法通过传输线缆在被测设备与测试设备之间建立物理连接;其次,5G 及未来通信频段将上升到毫米波甚至更高的太赫兹频段,这就导致信号传输链路损耗相较于前几代通信系统高得多。因此，需要通过波束聚合和赋形来提高天线增益。

　　因此，OTA 测试模式是未来必然的选择。

7.2.2　OTA 测试方式新探索

　　无论是天线无源性能测量还是 5G 终端天线性能测试（包含 5G Sub-6GHz 频段和毫米波频段），其关键技术点就是产生一个标准的空间电场。而传统的标准电场生成装置，如 TEM 小室、GTEM 小室、微波暗室，它们各自覆盖的测试范围极其有限。换句话说，要想覆盖从低频到高频的测试频段范围，就需要准备多个测试环境，由此带来了许多测试的不便性。

　　目前，行业内主流的终端天线性能测试方法，如直接远场法、间接远场法测试方法（紧缩场），或多或少都存在投资金额大、维护成本高的特点。直接远场法需要修建占地面积较大的全电波暗室，带来上百万的资金投入，且需要投入的人力也多，效费比不高。

　　为了解决上述两个痛点问题，设想是否存在一个测量装置，能够实现较低的花费、较小的占地，实现较宽的频段覆盖以及较高的测试效费比。有国外研究机构根据上述需求，研制了超宽带同轴锥，如图 7-2 所示。通过对超宽带同轴锥的理论分析和测量实验，得到的结果均表明，同轴锥腔体中电磁波以横向电磁（transverse electromagnetic mode，TEM）模为主，高次模所占比例较低，具有良好的场均匀区。

图 7-2　超宽带同轴锥

　　超宽带同轴锥还具有以下几个特点。

　　（1）10MHz～50GHz 频率范围内，无须天线，更无须更换不同频段的天线，从广电 700MHz 频段到毫米波频段，一台同轴锥腔体即可适用。在端口驻波比要求不严苛的场合，实际可以覆盖直流（DC）～67GHz 的频率范围。

　　（2）终端 OTA 测试中，可配合低介电常数终端转台。

　　（3）较低功率，超高场强。

　　当前，超宽带同轴锥还处在实验室研究阶段，国内外有关研究团队正着手推进超宽带同轴锥应用于终端 OTA 测试等相关行业。相信在不久的将来，超宽带同轴锥能够实际应用，解决目前终端天线性能测试的局限问题。

7.2.3　多尺寸被测设备性能测试挑战

5G 时代，海量的无线终端接入、万物互联的愿景（见图 7-3），将在未来打造一个全连接的社会。

图 7-3　万物互联

通过万物互联接入的设备，既有手机、平板电脑、笔记本电脑、打印机等寻常的生活、办公设备，又有打造车联网的智能网联汽车（见图 7-4）。前者在目前有较为规范的测试方法、标准，而智能网联汽车等一系列被测设备，其远大于手持终端、平板电脑等设备的体积，小体积终端设备性能测试方法是否适用于如智能网联汽车、测试指标是否具有一致性、如何设计大尺寸被测设备的测试环境等问题，成了目前各大厂家所面对的挑战。

图 7-4　车联网通信

1. 大尺寸设备

大尺寸设备（如智能网联汽车、中大型飞行器等）天线性能测试需要从芯片级、电路板级、单机级、设备级、分系统级以及多系统级之间进行完整、复杂的性能测试，其测试示意图如图 7-5 所示。

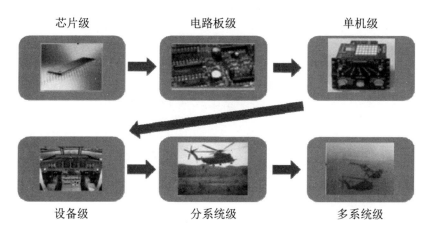

芯片级　　　　　　电路板级　　　　　　单机级

设备级　　　　　　分系统级　　　　　　多系统级

图 7-5　大尺寸设备的通信性能测试示意图

以大尺寸设备中的智能网联汽车为例，对于智能网联汽车天线性能测试，目前仍然处在初级阶段。长期以来，汽车制造商一直将天线包括雷达视为与录制视频的行车记录仪、摄像头一样的后装配件。在车辆设计工作的最后阶段，车载天线及配套分系统单独进行测试（单体级测试），满足配件的指标要求即可视为达标，只需要购买并安装即可。但是，这种测试方式对于智能网联汽车这类大尺寸被测设备而言是不充分的。主要原因有以下两点。

1）天线作为辐射体其性能与安装、使用的环境息息相关

天线与周边环境/结构的电磁耦合，使其谐振特性及辐射特性发生改变。车载天线模块被集成在车身上（如车顶盖、引擎盖、挡风玻璃、后视镜处等），天线周围的部分车身对天线辐射性能的影响也要充分考虑在内。如图 7-6 所示，为同一个单极子天线分别安装在正方形金属接地板与整车车顶处的辐射方向图对比。从图中可以看到，相比于单体天线状态（金属接地板），整车天线的辐射特性（方向图形状）发生了剧烈的改变，并且由于车体的介入，各边角产生的折射和衍射在远区场造成许多干涉方向图纹波。此外，完全相同的天线，安装在车身不同部位，其最终呈现的性能也完全不一致，如图 7-7 所示。因此，天线单体的性能测试结果，不能真实地反映装车前后的整车天线性能差异。

2）多样的汽车电子设备及复杂的电磁环境带来的影响不能忽略

随着汽车电子行业的快速发展，现代汽车电子系统日益向高密度、高速度

的方向发展。在有限的空间、时间和频谱资源条件下，系统集成度越来越高，性能指标要求也越来越高，功能日趋复杂，基于计算机和总线控制等的新技术手段也越来越丰富，并且自身含有众多大功率的发射源，发射功率大，频谱宽，工作模式多样，加之受安装空间的限制，电磁环境十分复杂。因此，车载天线OTA 测试，必须考虑真实使用环境下多系统并行工作导致的性能降级的影响。

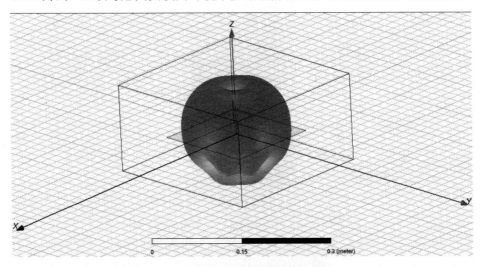

（a）单极子天线单体辐射方向图

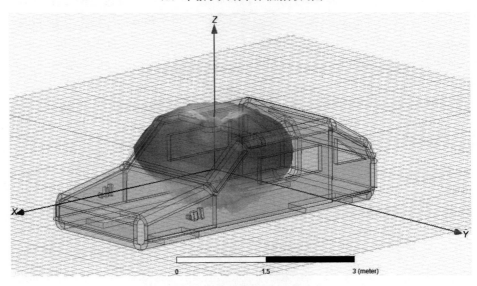

（b）车载天线辐射方向图

图 7-6　智能网联汽车天线单体状态与整车安装状态辐射方向图对比

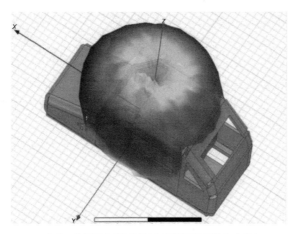

（a）单极子天线安装在车顶时辐射方向图

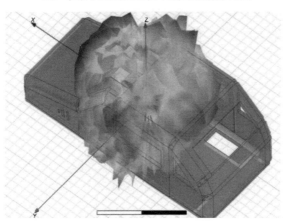

（b）单极子天线安装在 A 柱的辐射方向图

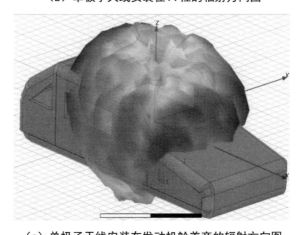

（c）单极子天线安装在发动机舱盖旁的辐射方向图

图 7-7　单极子天线安装在车体不同部位的辐射方向图对比

综上所述，随着半自动或全自动驾驶汽车的出现，制造商开始认识到在车辆设计初期便对所采用的天线进行测试是不可或缺的关键步骤。在很多情况下，即使车载天线单体级（设备级与分系统级）测试能够满足相关指标要求，其装车后的系统性能仍然无法保证。在这样的情况下，整车级（系统级）测试就显得尤为重要。基于智能网联汽车这类大尺寸终端设备的天线性能测试的研究就显得十分必要且有意义。

2．小尺寸设备

根据国际电联的定义，5G 主要分为三大应用场景：增强移动宽带（eMBB）、高可靠低时延通信（uRLLC）和海量机器类通信（mMTC）。eMBB 是 4G MBB（移动宽带）的升级，主要侧重于网络速率、带宽容量、频谱效率等指标。uRLLC 侧重可靠性和时延，mMTC 侧重连接数和能耗，都服务于行业互联网，包括工业制造、车联网、远程抄表等垂直行业领域。

然而，物联网中不同的应用场景，对网络能力的要求也不一样。例如，在速率方面，虚拟现实技术和增强现实技术（VR/AR）、高清转播需要高速连接，而远程抄表、共享设备仅需同步数据，低速就可以满足。除了速率，还有很多应用场景更关心功耗和成本。于是，出现了 5G 新终端——RedCap。RedCap 的范围如图 7-8 所示。

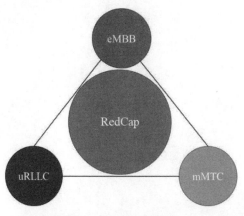

图 7-8　RedCap 范围

RedCap（reduced capability，轻量级终端）通过降低终端带宽和天线数目、简化双工传输、裁剪协议流程功能、减少功耗开销等技术手段，使终端复杂度降低 60%；它可满足低成本、低功耗、中等数据速率的物联网需求，与低速率的 NB-IoT（窄带物联网）形成互补。RedCap 的上下行峰值速率在 TDD 和 FDD 系统中和 LTE Cat 4 终端能力相近，但 RedCap 继承了 5G NR 的各类优秀特性，如大带宽、低时延、高可靠性、业务保障、数据不出厂、低功耗、强覆盖等。

RedCap 具体"裁剪"技术如表 7-1 所示。

表 7-1　RedCap 具体"裁剪"技术

最大带宽	100MHz→20MHz
天线技术	2T4R→1T1R/1T2R
最大调制阶数	256QAM→最低可支持 64QAM
双工模式	引入半双工技术
PDCP SN 及 RLC-AM SN 长度	18b→12b

　　目前，RedCap 设备多用于工业无线传感器、视频监控、智能可穿戴设备等领域，国内外通信标准化组织也正紧锣密鼓讨论 RedCap 终端设备天线性能 OTA 测试方法，这有助于在未来促进 RedCap 终端的产业化以及相关测试技术和方法的标准化，助力各行业的数字转型。

参考文献

[1] 林辉，陈哲，袁涛. 5G 移动终端天线设计[M]. 北京：人民邮电出版社，2021.

[2] Kraus J D，Marhefka R J. 天线[M]. 3 版. 北京：电子工业出版社，2017.

[3] 顾其诤. 无线通信中的射频收发系统设计[M]. 杨国敏，译. 北京：清华大学出版社，2016.

[4] STUTZMAN W L, THIELE G A. Antenna theory and design[M]. 2nd ed. Hoboken: Wiley, 1998.

[5] 周峰，高峰，张武荣. 移动通信天线技术与工程应用[M]. 北京：人民邮电出版社，2015.

[6] ARNAU C, JAUME A. Multiband handset antenna combining a PIFA, slots, and ground place modes[J]. IEEE Transactions on Antennas and Propagation, 2009, 57(9): 2526-2532.

[7] ROWELL C R. A capacitive loaded PIFA for compact mobile telephone handsets[J]. IEEE Transactions on Antennas and Propagation, 1997, 45(5): 837-842.

[8] OGUZHAN O, AMELIE H, VALENTYN S. Consideration for harmonics distribution in aperture-tuned inverted-F antenna for cellular handheld devices[J]. IEEE Transactions on Microwave Theory and Techniques, 2010, 68(10): 4122-4130.

[9] 王守源，安少赓，臧家伟，等. 基站天线测试技术与实践[M]. 北京：电子工业出版社，2021.

[10] 魏然，果敢，巫彤宁，等. 5G 终端测试[M]. 北京：科学出版社，2021.

[11] 3rd Generation Partnership Project; Technical Specification Group Radio Access Network；NR; Study on test methods: 3GPP TR 38.810 V16.6.1[S/OL]. (2020-11-04). https://portal.3gpp.org/desktopmodules/Specifications/SpecificationDetails. aspx?specificationId=3218.

[12] 张睿，周峰，郭隆庆. 无线通信仪表与测试应用[M]. 北京：人民邮电出版社，2018.

[13] 中华人民共和国工业和信息化部. 无线终端空间射频辐射功率和接收

机性能测量方法：第 1 部分：通用要求：YD/T 1484.1-2016[S]. 北京：人民邮电出版社，2016.

[14] 祝思婷，谢江，安旭东，等. 5G 终端 MIMO OTA 测试与标准化研究进展[J]. 安全与电磁兼容，2021（4）：17-23.

[15] 郭琳，王瑞鑫. 5G 终端 OTA 测试的挑战和标准化进展——多天线 MIMO[J]. 安全与电磁兼容，2020（3）：27-40.

[16] 中华人民共和国工业和信息化部.终端 MIMO 天线性能要求和测量方法 第一部分：LTE 无线终端：YD/T 2869.1-2021[S]. 北京：人民邮电出版社，2021.

[17] 沈鹏辉，漆一宏，于伟，等．适用于 MIMO OTA 认证及研发测试的辐射两步法[J]. 安全与电磁兼容，2019（02）：37-40；69.

[18] 沈鹏辉.基于辐射两步法的 MIMO 终端测量系统的设计和实现[D].湖南大学，2020.DOI:10.27135/d.cnki.ghudu.2020.002274.

[19] 王少华，刘科，杨丽，等．100MHz～18GHz 混响室场均匀性测试及分析[J]. 计量技术，2018（12）：23-26.

[20] 贾佳炜．混响室天线测量研究[D].广州：华南理工大学，2021.

[21] 3rd Generation Partnership Project; Technical Specification Group Radio Access Network; Universal Terrestrial Radio Access (UTRA) and Evolved Universal Terrestrial Radio Access (E-UTRA); Verification of radiated multi-antenna reception performance of User Equipment (UE):3GPP TR 37.977 V17.0.0[S/OL]. (2022-04-04). https://portal.3gpp.org/desktopmodules/Specifications/SpecificationDetails.aspx?specificationId=2637.

[22] 3rd Generation Partnership Project; Technical Specification Group Radio Access Network; NR; Study on radiated metrics and test methodology for the verification of multi-antenna reception performance of NR User Equipment (UE):3GPP TR 38.827 V16.8.0[S/OL]. (2022-09-23). https://portal.3gpp.org/desktopmodules/Specifications/SpecificationDetails.aspx?specificationId=3519.

[23] Cellular Telecommunications Industry Association Certification Program:Test Plan for 2×2 Downlink MIMO and Transmit Diversity Over-the-Air Performance V1.2.1[EB/OL]. (2020-11). https://ctiacertification.org/test-plans/.

[24] Cellular Telecommunications Industry Association Certification Certification Program: Test Plan for Millimeter-Wave Wireless Device Overthe-Air Performance V1.0.2[EB/OL]. (2020-12). https://ctiacertification.org/test-plans/.

[25] 中华人民共和国工业和信息化部．无线终端空间射频辐射功率和接收机性能测量方法 第 6 部分：LTE 无线终端：YD/T 1484.6-2021[S]. 北京：人民

邮电出版社，2021．

　　[26] 中华人民共和国工业和信息化部．无线终端空间射频辐射功率和接收机性能测量方法　第 5 部分：TD-SCDMA 无线终端：YD/T 1484.5-2016[S]．北京：人民邮电出版社，2016．

　　[27] 中华人民共和国工业和信息化部．无线终端空间射频辐射功率和接收机性能测量方法　第 4 部分：WCDMA 无线终端：YD/T 1484.4-2017[S]．北京：人民邮电出版社，2017．

　　[28] 中华人民共和国工业和信息化部．无线终端空间射频辐射功率和接收机性能测量方法　第 3 部分：CDMA2000 无线终端：YD/T 1484.3-2016[S]．北京：人民邮电出版社，2016．

　　[29] 中华人民共和国工业和信息化部．无线终端空间射频辐射功率和接收机性能测量方法　第 2 部分：GSM 无线终端：YD/T 1484.2-2016[S]．北京：人民邮电出版社，2016．

　　[30] 黄承祖，齐万泉，刘星汛，等．同心锥形 TEM 室结构设计及性能研究[J]．宇航计测技术，2019，39（03）：22-26．